図・グラフ・表①

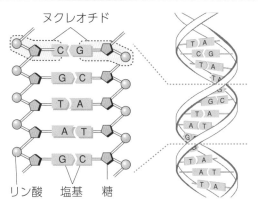

▲ **DNAの構造** DNAは糖（デオキシリボース）にリン酸と塩基が結合したヌクレオチドがつながった物質で、二重らせん構造をとる。

	DNA （デオキシリボ核酸）	RNA （リボ核酸）
糖	デオキシリボース	リボース
塩基	A（アデニン），G（グアニン）， C（シトシン）は共通	
	T（チミン）	U（ウラシル）
構造	2本鎖 （二重らせん構造）	1本鎖
はたらき	遺伝子の本体	タンパク質の合成

▲ **DNAとRNAの違い** DNAとRNAはヌクレオチドからなる物質であるが，糖の種類と塩基に違いがあり，構造も異なる。

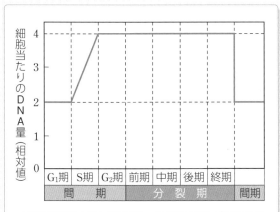

▲ **細胞周期とDNA量の変化** S期にDNAが複製されて2倍になり，分裂期に娘細胞に分配されて，DNA量がもとにもどる。

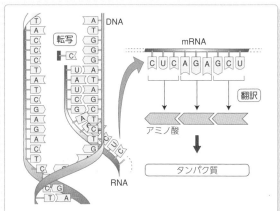

▲ **遺伝情報の発現** 遺伝情報はDNAからRNAに転写され，RNAからアミノ酸配列に翻訳されて，タンパク質が合成される。

対象	交感神経	副交感神経
ひとみ	拡大	縮小
心臓拍動	促進	抑制
血圧	上げる	下げる
体表の血管	収縮	－
気管支	拡張	収縮
呼吸運動	速く・浅く	遅く・深く
立毛筋	収縮	－
発汗	促進	－
胃液の分泌	抑制	促進
胃腸ぜん動	抑制	促進
排尿	抑制	促進

▲ **自律神経の作用** －は分布していないことを示す。

内分泌腺		ホルモン	おもなはたらき
視床下部		放出ホルモン 放出抑制ホルモン	ホルモン分泌の促進と抑制
脳下 垂体	前葉	成長ホルモン	タンパク質合成促進・血糖濃度上昇。骨の発育促進
		甲状腺刺激ホルモン	甲状腺からのホルモンの合成・分泌促進
		副腎皮質刺激ホルモン	副腎皮質からのホルモンの合成・分泌促進
	後葉	バソプレシン	血圧を上げる，腎臓での水分の再吸収を促進
甲状腺		チロキシン	生体内の化学反応を促進，成長と分化を促進
副甲状腺		パラトルモン	血液中のカルシウムイオン濃度を上げる
副腎	髄質	アドレナリン	血糖濃度を上げる（グリコーゲンの分解を促進）
	皮質	糖質コルチコイド	血糖濃度を上げる（タンパク質からの糖の合成を促進）
		鉱質コルチコイド	腎臓でのナトリウムイオンの再吸収の促進
すい臓ラン ゲルハンス島	A細胞	グルカゴン	血糖濃度を上げる（グリコーゲンの分解を促進）
	B細胞	インスリン	血糖濃度を下げる（グリコーゲンの合成と，組織でのグルコースの呼吸消費を促進）

▲ **ヒトのおもなホルモンとそのはたらき**

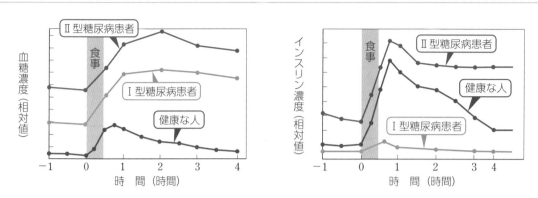

▲**血糖濃度とインスリン濃度の変化**　インスリンがほとんど分泌されなかったり，標的細胞がインスリンを受容できなくなったりすると，血糖濃度が高い状態が維持されるようになる(糖尿病)。

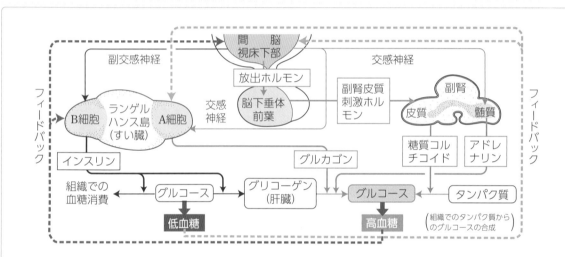

▲**血糖濃度の調節**　血糖濃度は，自律神経とホルモンのはたらきにより調節されている。血糖濃度の低下にはたらくホルモンはインスリンのみである。

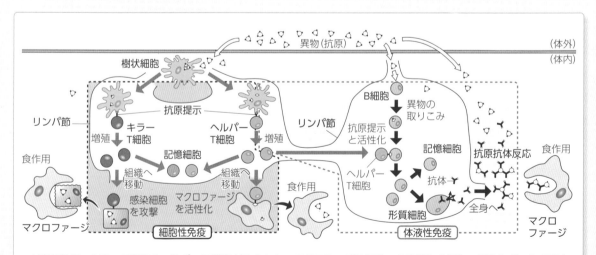

▲**適応免疫**　キラーT細胞やヘルパーT細胞が中心となって起こる，感染細胞への攻撃や食細胞の増強などの免疫反応を細胞性免疫という。一方，B細胞が中心となって起こる，抗体による免疫反応を体液性免疫という。

新課程

ゼミノート
生物基礎

教科書の整理から共通テストまで

数研出版編集部 編

数研出版
https://www.chart.co.jp

本書のねらいと構成

① 各節の冒頭に学習の目標を記して，学習内容のねらいを明確にしました。
② 学習にあたっては，まずここを読み，その節ではどのような内容を扱ってあるか，またどのような点を理解したらよいかなどについて，しっかり頭に入れて下さい。

● **本書のねらい** ●

① 空欄に用語を書きこむことで，生物の知識を着実に自分のものにできるようにする。
② 生物学的な思考力も，重要実験の学習などを通して，十分に養えるようにする。
③ 生物の計算問題も，例題や類題などを通して，十分にこなせるようにする。
④ 空欄に書きこんだあとは，生物の内容を十分に整理したまとめの書として利用できるようにする。

---

1 本書の構成と内容

A 本書の構成

本書は，高等学校の「生物基礎」で学習する内容を4つの章に分け，それを17の節で構成しました。また，各節は，本文以外に，上記の「学習の目標」や「重要実験」・「参考」・「例題」・「類題」などからなっております。

本書は，基本的には高等学校の「生物基礎」の内容を網羅できるように構成していますが，「生物基礎」の学習指導要領に示されていない内容であっても，「生物基礎」の内容と深く関連性があり，その理解を助けると思われる内容については，発展▶の印をつけました。一律に学習する必要はありませんが，興味関心に応じて取り組んでください。

❶ 本文の構成と内容 ① **内容を整理して教科書的に構成** 本文は，日常学習に使えるように教科書的に構成しました。しかも，表や図を駆

● **側面的に理解を深める内容を扱った右欄** 本文は整理された形でまとめていますので，基礎的な説明や枝葉の内容・参考的な内容は省かれることになります。そこで，この右欄では，おもに次のような内容を扱い，側面的な理解に役立つようにしました。
①基礎的な用語や概念の説明。
②本文の補足的な内容。
③本文と関連する参考的な内容。
④他の節と関連する内容の参照ページ。

例題 問題の見出し

問題の型を網羅した問題学習で，計算問題は万全

生物基礎で出題される代表的な問題や解き方に技術を要する計算問題を例題として取り上げて，詳しい解き方を記述しました。

解答 ここでは，標準的な解答の手順を，わかりやすくていねいに示しました。必要に応じて空欄を設け，考えながら解答へと導かれるようにしています。

類題 上の例題の類題を扱い，学習の成果がチェックできるようにしました。

重要実験	実験の見出し

① 生物の入試では，実験を土台にし，それからいろいろ考察させる問題が多く見られます。これは，生物の学習が単なる暗記に終わらないように，本当に生物の知識を身につけたかを確認するためです。

② この傾向に対処するため，ここでは入試に

よく出題される重要実験を取り上げました。

③ ここでは，実験の方法・結果をすべて与えるのではなく，それぞれが実験結果を記入したり，結果から考察することによって，科学の方法が身につき，生物学的な思考力が養えるようにしました。

使して十分に整理してありますので，後々の記憶に便利であるとともに，大変役に立つまとめの書にもなるでしょう。

② **入試対策にも役立つ内容**　内容は教科書段階だけでなく，過去の多くの入試問題などを参考にして，重要なことはもらさず扱ってありますので，入試準備にまで十分に役立てることができるでしょう。

③ **実力を高めるように工夫した空欄の設定**　重要語句やまぎれやすく誤りやすい内容に対して空欄を設定してありますので，空欄の書きこみ学習を積み上げることにより，生物の知識を確実なものにすることができるでしょう。

❷ **思考力問題**　問題文中の図・グラフ・資料の情報をもとに，そこから読み解くことができることを答えさせる「思考力問題」を扱いました。入試で必要な思考力・考察力を養うことができるでしょう。

❸ **章末演習問題**　章末には，その章の内容を問題形式にした，「章末演習問題」を入れています。その章の内容を詳しく分析し，重要な実験の問題や計算問題，重要語句などが理解できているかどうかを確認するための問題となっています。

● 本書の使い方 ●

① まず，空欄の書きこみにアタックして，わからないところは赤線を引くなどして下さい。次に解答編とつき合わせ，わからなかったところやまちがったところはしっかり頭に入れ，まちがったところにも赤線を追加しておくと，試験前などの復習では，赤線部分を中心に見直せばよいでしょう。

② 本文や右欄に参照ページが記されている場合は，今学習していることが，他とどのように関連しているのかをつかみながら学習すると，理解が深まるでしょう。

③ 思考力問題と章末演習問題は，その章の学習が終わったらアタックして下さい。わからない問題には，赤で印をつけて，後に何度も見直すとよいでしょう。

④ 空欄を埋めたあとは，まとめの書として，試験の準備などに利用して下さい。

● 目　次 ●

序章　探究活動

1．探究活動 ······················· 6
　　1　探究のプロセス

　　2　顕微鏡観察の基本操作

　　3　ミクロメーターによる測定

第1章　生物の特徴

2．生物の多様性と共通性 ············ 10
　　1　生物の多様性
　　2　生物の多様性・共通性とその由来
　　3　生物の共通性としての細胞

3．エネルギーと代謝 ················ 16
　　1　生命活動とエネルギー
　　2　代謝とエネルギー
　　3　ATP

4．呼吸と光合成 ···················· 18
　　1　呼　吸
　　2　光合成
　　3　エネルギーの流れ
　　4　酵　素

思考力問題 ······················· 24
章末演習問題 ····················· 26

第2章　遺伝子とそのはたらき

5．遺伝情報とDNA ·················· 32
　　1　遺伝情報を含む物質―DNA
　　2　DNA の構造

6．遺伝情報の複製と分配 ············ 36
　　1　遺伝情報の複製
　　2　遺伝情報の分配

7．遺伝情報の発現 ·················· 40
　　1　遺伝情報とタンパク質
　　2　タンパク質の合成

思考力問題 ······················· 44
章末演習問題 ····················· 46

第3章　ヒトの体内環境の維持

8．体内での遺伝情報と調節 ·········· 50
　　1　体内での情報伝達
　　2　神経系による情報の伝達と調節
　　3　内分泌系による情報の伝達と調節

9．体内環境の維持のしくみ ·········· 54
　　1　体内環境の維持
　　2　血糖濃度の調節のしくみ
　　3　血液の循環を維持するしくみ

10．免疫のはたらき ················· 60
　　1　からだを守るしくみ―免疫
　　2　自然免疫
　　3　適応免疫
　　4　免疫と病気

思考力問題 ······················· 66
章末演習問題 ····················· 68

━━━━━━━ 第4章　生物の多様性と生態系 ━━━━━━━

11. 植生と遷移 ···············74

　1　植　生

　2　植生の遷移

12. 植生の分布とバイオーム ···············82

　1　バイオームの成立

　2　世界のバイオーム

　3　日本のバイオーム

13. 生態系と生物の多様性 ···············86

　1　生態系の成りたち

　2　生態系と種多様性

　3　生物どうしのつながり

14. 生態系のバランスと保全 ···············90

　1　生態系のバランス

　2　人間の活動と生態系

　3　生態系の保全

思考力問題 ···············93

章末演習問題 ···············95

索　引 ···············102

※**デジタルコンテンツのご利用について**

下のアドレスまたは右の二次元コードから，本書のデジタルコンテンツ（重要用語の確認テスト）を利用することができます。なお，インターネット接続に際し発生する通信料は，使用される方の負担となりますのでご注意ください。

https://cds.chart.co.jp/books/bmonffo0pe

探究活動

学習の目標
① 探究の手法を習得し，学習の過程や日常生活で疑問に思ったことを自分で考え・調べ・明らかにしていく態度や能力を身に着ける。
② 探究の過程で最もよく使われる顕微鏡やミクロメーターの使い方と注意点を理解する。

1 探究のプロセス

❶ **疑問の発生** 生物をいろいろな角度から観察すると，「なぜ？」，「どうして？」などの疑問が生じる。これが探究の動機となる。

❷ **疑問に対する情報の収集・処理** 疑問が生じたら，図書館などを利用して文献や書籍を調べる，インターネット❶を検索するなどして徹底的に疑問に対する〔¹　　　〕を収集する。収集した〔¹　　　〕の中で優先順位をつけて分類・整理する。

❸ **実験計画の立案** 疑問に対する答えを予想し，〔²　　　〕を設定する。次に〔²　　　〕を検証するための実験・観察の方法を検討し，実験のスケジュールをしっかり立て，材料・器具・薬品などを準備する。

❹ **実験・観察の実施** 計画にしたがって実験・観察を行う。〔³　　　〕したとき同じ結果が得られるか，〔⁴　　　〕性があるかどうかが重要となる。また実験の成否にかかわらず，すべて正確に実験ノートに記録する。

❺ **結果の処理と考察** 実験・観察で得た結果は，表・図・グラフなどに整理して客観的に提示できるようにする。必要に応じて統計処理する。

　結果が〔²　　　〕を立証しているかなどを分析し，客観的・多角的な視点から論理を組み立てる。

❻ **結論と今後の課題** 結果の処理や考察から得られた知見を〔⁵　　　〕としてまとめる。〔⁵　　　〕をもとに新たな実験計画を立案する。実験・観察がうまくいかなかったときや，結果に〔⁴　　　〕性がない場合は，実験のどこに原因があったかを考えて実験計画を立て直す。

❼ **レポートの作成と発表** 探究の過程全体をまとめるため〔⁶　　　　　〕を作成する。〔⁶　　　　　〕には，探究の過程で得られたさまざまな〔¹　　　〕や結果のうち，必要となるものだけを抜き出して整理し，わかりやすく正確に記述する。また方法や材料は，第三者が〔³　　　〕できるように具体的に記述する。〔⁶　　　　　〕がまとまったら，ポスター発表や口頭発表を行う。

❶ インターネットではキーワードを入力することで情報を横断的に検索できる。

❷ 仮説は，時間や設備などの面で検証可能な仮説にする。

❸ 同じ実験・観察を再度行うことを追試といい，その結果，同じ結果が得られるかどうかを再現性という。

❹ 実験の操作が粗雑であったり，実験個体数が少なかったりして，仮説を肯定も否定もできないこともある。注意しよう。

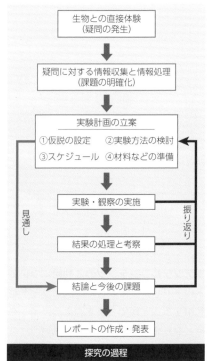

探究の過程

2 顕微鏡観察の基本操作

A 顕微鏡

生物の観察・実験には光学顕微鏡[5]がよく使われる。顕微鏡には，鏡筒を上下させてピントを合わせるタイプと，ステージを上下させてピントを合わせるタイプがある。

[9   ] レンズ
鏡筒
[18   ]
[10   ] レンズ
クリップ（クレンメル）
プレパラート
[13   ]
[17   ]
反射鏡
[8   ]
[7   ]
[15   ] ねじ
ステージを上下させる

B 顕微鏡の操作法

❶ **顕微鏡の持ち運びと設置** 顕微鏡を持ち運ぶときは，一方の手で〔7   〕をにぎり，他方の手で〔8   〕をしっかりと支える。顕微鏡は直射日光の当たらない明るいところにおく。[6]

❷ **レンズの取りつけ** レンズは，先に〔9   〕**レンズ**を取りつけ，次に〔10   〕**レンズ**を取りつける。〔10   〕**レンズ**が先だと，鏡筒内や〔10   〕**レンズ**内にごみが入ることがある。

❸ **反射鏡の調節** はじめに最低倍率にして接眼レンズをのぞきながら反射鏡を動かし，視野全体がむらなく明るくなるように調節する。[7] 低倍率で観察するときは〔11   〕**鏡**を，高倍率で観察するときは，集光力の高い〔12   〕**鏡**を使う。

❹ **プレパラートをおく** 試料が〔13   〕の中央にくるようにプレパラートをおく。一般的な顕微鏡では，観察像は，試料の上下・左右が逆になったものになるが，試料と同じ向きに見える顕微鏡もある。

❺ **ピントを合わせる** はじめに，横から見ながら対物レンズとプレパラートを〔14   〕づける方向に〔15   〕**ねじ**をまわす。[8] 次に，接眼レンズをのぞきながら，対物レンズとプレパラートを〔16   〕ざける方向に〔15   〕**ねじ**をまわし，ピントを合わせる。粗動ねじと微動ねじのある顕微鏡では，粗動ねじでほぼピントを合わせた後，さらに微動ねじで調節する。

❻ **しぼりの調節** 〔17   〕を調節して観察像が鮮明に見えるようにする。一般に低倍率では〔17   〕を絞り，高倍率では開く。

❼ **高倍率での観察** 〔18   〕をまわして高倍率の対物レンズにかえ，調節ねじを微調整してピントを合わせる。

[5] 光学顕微鏡の**分解能**（近接した2点を2点として見分けることができる最小の間隔）は約0.2 μmで，肉眼では観察できない小さなものも，光学顕微鏡を使えば観察できる。

[6] 直射日光の当たるところに顕微鏡をおくと，日光が反射鏡を通じて目に入って，目を痛めることがある。

[7] 高倍率よりも低倍率のほうが視野の直径が大きいため，観察対象を視野に入れやすい。また，低倍率のほうが，対物レンズとプレパラートとの距離は遠くなり，ピントの合う範囲（焦点深度）は深くなるので，ピントを合わせやすい。

[8] 接眼レンズをのぞきながら対物レンズとプレパラートを近づけると，ぶつかって対物レンズやプレパラートを傷つけることがある。

C プレパラートのつくり方

光学顕微鏡では，試料を透過した光を観察するので，試料を薄くして光が透過できるようにする必要がある。

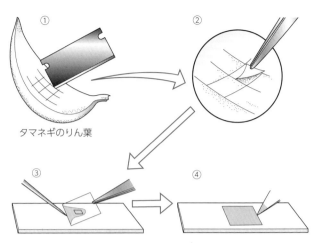

タマネギのりん葉

❶ タマネギのりん葉の内側の表皮にかみそりの刃で 5 mm 角程度の切れ目を入れる。

❷ 切れ目を入れた表皮をピンセットではぎ取り，〔¹　　　　　　　〕にのせる。

❸ 水または染色液を 1 滴落とし，その上に気泡が入らないように注意して，〔²　　　　　　　　〕をかける。

❹ 〔²　　　　　　　　〕をかけたときにはみ出た余分な水，または染色液を〔³　　　　　〕で吸い取る。

D 像の見え方と原因

タマネギのりん葉表皮などを光学顕微鏡で観察した際に，像の視野が暗くて観察しにくい場合は，〔⁴　　　　　　〕の角度を調節し，〔⁵　　　　　　　〕を開く。タマネギの細胞が重なっている場合は，視野の中で試料が重なっていない部分を探すか，プレパラートをつくり直す。

❶対物ミクロメーターの上に直接試料をおいても試料の長さは測定できない。これは，試料と対物ミクロメーターの目盛りの両方に同時にピントを合わせることができないためである。また，測定したい場所に対物ミクロメーターを自由に移動させることができない。

参考　**固定と染色**

固定…細胞を生きた状態に近いまま保存すること。固定液の例：ホルマリンなど

染色…細胞内の構造体を染色液で染色し，観察に適した状態にすること。染色液の例：酢酸カーミン，ヤヌスグリーンなど

---

3 ミクロメーターによる測定

A 接眼ミクロメーターの 1 目盛りの長さ

接眼ミクロメーター 1 目盛りの長さは，顕微鏡や倍率によってそれぞれ異なるので，あらかじめ接眼ミクロメーター 1 目盛りの長さを求めておく必要がある。❶

❶ 右図のように，接眼レンズの上方のレンズを外し，〔⁶　　　〕ミクロメーターの目盛りの面を下向きにして中に入れる。

❷ 〔⁷　　　〕ミクロメーターをステージにのせ，低倍率でピントを合わせる。

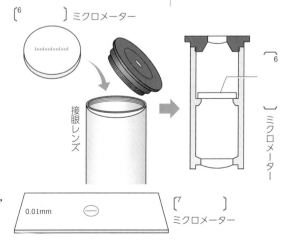

〔⁶　　　〕ミクロメーター

接眼レンズ

〔⁶　　　〕ミクロメーター

0.01mm

〔⁷　　　〕ミクロメーター

❸ 接眼ミクロメーターの目盛りと対物ミクロメーターの目盛りとが重なって見えるように，対物ミクロメーターを動かしたり，接眼レンズをまわしたりして調節する。

❹ 右図のように，接眼ミクロメーターの目盛りと対物ミクロメーターの目盛りが一致する2か所を探し，両ミクロメーターの目盛り数をそれぞれ数える。

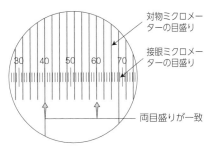

対物ミクロメーターの目盛り

接眼ミクロメーターの目盛り

両目盛りが一致

❺ 対物ミクロメーターには，1mm（1000µm）❷を100等分した目盛りが刻んであるので，1目盛りの長さは

$$\frac{1000\,µm}{100} = [^8\qquad]\,µm \quad\text{である。}$$

❷ 1mm の 1000 分の 1 が 1µm。

❻ 両ミクロメーターの目盛り数から，接眼ミクロメーターの1目盛りがいくらの長さに相当するかを計算する。接眼ミクロメーター1目盛りの長さは，次の式で求めることができる。

$$\frac{[^7\qquad]\text{ミクロメーターの目盛りの数} \times 10\,µm}{[^6\qquad]\text{ミクロメーターの目盛りの数}}$$

❼ 上図では，対物ミクロメーターの[⁹　　]目盛りと接眼ミクロメーターの[¹⁰　　]目盛りが一致しているので，接眼ミクロメーターの1目盛りの長さは，

$$\frac{[^9\qquad]\text{目盛り} \times 10\,µm}{[^{10}\qquad]\text{目盛り}} = [^{11}\qquad]\,µm\ \text{となる。}$$

重要実験 1 顕微鏡での長さの測定

　顕微鏡を用いて，次の手順である試料の大きさを測定した。

〔手順〕　① まず，顕微鏡の接眼レンズ内に接眼ミクロメーターを入れ，ステージに対物ミクロメーターをおいて観察した。すると，接眼ミクロメーターと対物ミクロメーターの目盛りが図1のように見えた。

② 対物ミクロメーターを取りはずし，試料を観察したところ，図2のような観察像が見られた。

設問 図1から，接眼ミクロメーターの1目盛りは何µmの長さに相当するかを求めよ。

[¹　　]µm

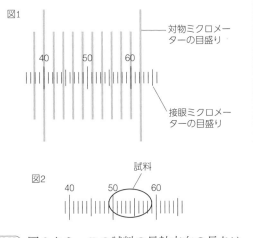

図1

対物ミクロメーターの目盛り

接眼ミクロメーターの目盛り

試料

図2

設問 図2から，この試料の長軸方向の長さはいくらか。

[²　　]µm

2 生物の多様性と共通性

学習の目標

① 地球上の生物は多様でありながら，共通性をもっていることを理解する。

② 生物の共通性と多様性は，生物の進化の結果であることを理解する。

1 生物の多様性

❶ **多様な環境と生物の多様性** 地球上には，極地・砂漠や草原，森林，高山，海洋や河川，地中など多様な環境があり，多種多様な生物が生存している。この地球上には数千万種の生物が生息しているといわれている。

[発展]▶ ❷ **分類の単位** 分類の基本単位を〔¹   ❶〕といい，よく似た〔¹   〕をまとめて属，よく似た属をまとめて科，さらにその上位を目→綱→門→界→ドメインとして分類している。

❶生物の基本単位を種といい，同じ種は形態などに共通性をもち，生殖能力をもつ子孫を残すことができる。

2 生物の多様性・共通性とその由来

A 生物の分類と共通性

地球上には 5500 種もの多様な哺乳類が生息していると考えられるが，すべての哺乳類は次のような共通性をもっている。

① 雌の体内で親と同じ形の状態まで子を育てる〔²   ❷〕である。

② 生まれた子に〔³   〕を与えて育てる。

いろいろな脊椎動物および哺乳類の特徴をまとめると以下になる。

❷カモノハシは卵生であるが，授乳するなどの特徴から哺乳類に分類される。

グループ / 特徴	魚　類	両生類 (幼生)	両生類 (成体)	は虫類	鳥　類	哺乳類
脊　椎	あり	〔⁴　　　〕		あり	あり	あり
運動器	〔⁵　　　〕		〔⁶　　　〕	四肢	四肢	四肢
呼吸器官	〔⁷　　　〕		肺・皮膚	〔⁸　　　〕	肺	〔⁹　　　〕
子の生まれ方	水中・卵生	水中・卵生		陸上・卵生	陸上・卵生	〔¹⁰　　　〕
母　乳	なし	なし		なし	〔¹¹　　　〕	〔¹²　　　〕

B 生物の進化と系統

生物の形質が，世代を重ねて受け継がれる過程で長い年月をかけて変化していくことを〔¹³   〕という。生物が多様であるのは，〔¹³   〕の過程で祖先にない形質をもつ生物が出現し，生活の場を広げていったからである。生物の〔¹³   〕の道すじを〔¹⁴   〕といい，〔¹⁴   〕を樹木に似た形に図示したものを〔¹⁵   〕という。

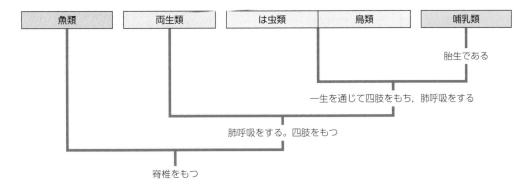

C すべての生物にみられる共通性

　下図は，地球上にみられる生物の[15　　　　　]である。下図のような
道すじで，すべての生物は共通の祖先から進化してきたと考えられている。

❶ 系統樹　生物の形態などを手がかりとした生物の類縁関係を示す図。

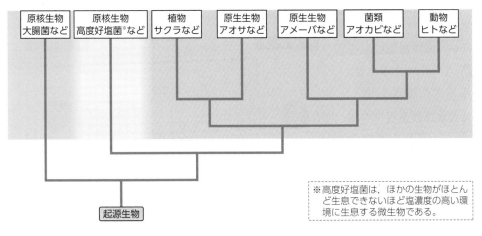

> ※高度好塩菌は，ほかの生物がほとん
> ど生息できないほど塩濃度の高い環
> 境に生息する微生物である。

発展▶**❷ 分子系統樹**　生物がもつ特定の DNA
やタンパク質を比較することで，生物
どうしの類縁関係を推定してつくる
系統樹を分子系統樹という。分子系
統樹によって生物は，細菌・アーキ
ア・真核生物の３つに分けられる。

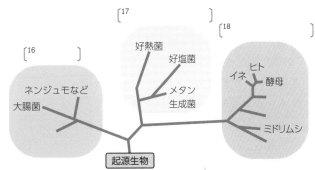

❸ 全生物が共通してもつ３つの特徴

① ゾウリムシのような単細胞生物もヒトのような多細胞生物も，すべての
生物のからだは[19　　　]❸からできており，その[19　　　]の基本構
造は同じである。

② すべての生物において，細胞の生命活動にはエネルギーが必要であり，
エネルギーの受け渡しをしているのは[20　　　]である。

③ 生物は遺伝情報を担う物質として[21　　　]をもっている。

❸細胞は次の３つの特徴
をもっている。
・細胞膜によって仕切ら
れている。
・生命活動の基本単位で
ある。
・分裂によって増殖する。

3 生物の共通性としての細胞

A 真核生物

動物や植物の細胞の基本構造は共通しており，どの細胞にもふつう，核膜に包まれた1個の[¹　　　]が存在する。[¹　　　]のある細胞を[²　　　　]といい，[²　　　　]からなる生物を[³　　　]という。[¹　　　]は[⁴　　　]❶が核膜に包まれた構造である。

[¹　　　]以外の部分を[⁵　　　]という。その最も外側は厚さ5～10nmの[⁶　　　]で囲まれている。植物細胞では[⁶　　　]の外側に[⁷　　　]がある。[⁷　　　]は，張力や圧力にも耐えられる丈夫な構造で，細胞の保護や細胞の形の保持にはたらく。

[⁶　　　]に囲まれた[²　　　　]の内部には，[¹　　　]をはじめとしたいろいろな細胞小器官がみられる。細胞小器官には，例えば，細胞の呼吸が行われる[⁸　　　]のほか，植物細胞にみられ光合成を行う[⁹　　　]がある。

これらの細胞小器官の周囲は[¹⁰　　　　]とよばれる液状の物質で満たされている。細胞小器官や[¹⁰　　　　]には多くの種類のタンパク質が含まれており，細胞の生命活動が行われている。

❶ DNA はヒストンというタンパク質と結合して染色体(● p.36)の状態で核内に存在する。

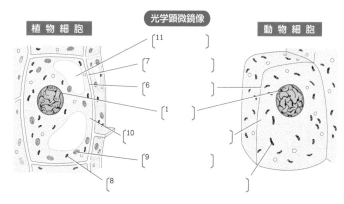

光学顕微鏡像

植物細胞 [¹¹　　　] [⁷　　　] [⁶　　　] [¹　　　] [¹⁰　　　] [⁹　　　] [⁸　　　]

動物細胞

重要実験 2 さまざまな細胞の観察

〔準備〕　タマネギのりん葉表皮，オオカナダモの葉，ヒトの口腔上皮

〔手順〕　① 材料をスライドガラスにのせる。

② 水または酢酸オルセイン液を1滴落としてカバーガラスをかけ，余分な水分をろ紙で吸い取る。

③ 顕微鏡で観察してスケッチする。

〔結果〕

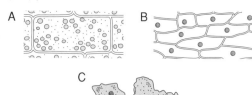

A

B

C

設問 A～Cは，それぞれどの細胞のスケッチか。〔準備〕から選べ。

A[¹　　　　　　　　]
B[²　　　　　　　　]
C[³　　　　　　　　]

設問 A～Cの細胞のうち，酢酸オルセイン液で染色したものはどれか。すべて選べ。

[⁴　　　　]

設問 酢酸オルセイン液で染色される構造は何か。

[⁵　　　　]

設問 Aの細胞では，緑色の粒が観察できた。この緑色の粒を何というか。

[⁶　　　　]

B 原核生物

　細胞の中には核をもたない細胞もある。これを〔¹²　　　　　　〕といい，〔¹²　　　　　　〕からなる生物を〔¹³　　　　　　〕という。

例　シアノバクテリア❷，乳酸菌，大腸菌，納豆菌など

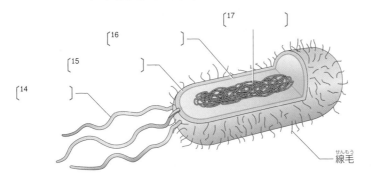

せんもう
線毛

❷ 光合成（➡ p.20）を行うネンジュモやユレモなどの原核生物をシアノバクテリアという。シアノバクテリアは葉緑体をもたないが，光合成を行うことができる。

　〔¹²　　　　　　〕も，真核細胞と同じように細胞膜と DNA をもっている。

　〔¹²　　　　　　〕の大きさは，ふつう 1 ～数 µm 程度で，真核細胞と比べると著しく小さい。また，〔¹²　　　　　〕の DNA は〔¹⁸　　　〕に包❸まれておらず，細胞内にかたまりとなって存在している。

　さらに，〔¹²　　　　　　〕にはミトコンドリアや葉緑体などの〔¹⁹　　　　　〕はみられない。〔¹²　　　　　　〕と真核細胞の相違点をまとめると，下表のようになる。

❸ DNA が折りたたまれた構造体で核様体ともいう。核膜によって囲まれていない。

細胞の構造	原核細胞	真核細胞	
		動物細胞	植物細胞
DNA	＋	〔²⁰　　〕	〔²¹　　〕
核　膜	〔²²　　〕	〔²³　　〕	〔²⁴　　〕
細胞膜	〔²⁵　　〕	〔²⁶　　〕	〔²⁷　　〕
細胞壁	〔²⁸　　〕	〔²⁹　　〕	〔³⁰　　〕
ミトコンドリア	－	〔³¹　　〕	〔³²　　〕
葉緑体	〔³³　　〕	〔³⁴　　〕	〔³⁵　　〕

＋は存在することを，－は存在しないことを示す。

　また，いろいろな細胞や構造体の大きさを示すと，下図のようになる。❹

❹ 1 mm ＝ 0.001 m，1 µm ＝ 0.001 mm，1 nm ＝ 0.001 µm である。

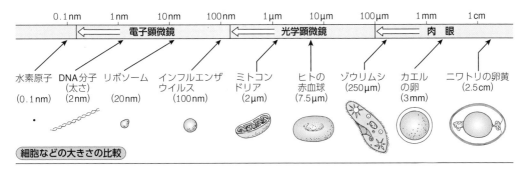

細胞などの大きさの比較

真核細胞を電子顕微鏡で見てみよう

　真核細胞には，核・ミトコンドリア・葉緑体以外にも，電子顕微鏡でみられる細胞小器官や構造体がある。

① **核**　多数の小孔がある二重の膜（核膜）をもつ。核内にはDNAとタンパク質からなる染色体と，1～数個の〔¹　　　　　〕がある。

② **ミトコンドリア**❶　長さ1～数μmの棒状あるいは球状の細胞小器官で，〔²　　　　〕の場として有機物を分解し，生命活動に必要なエネルギーを，〔³　　　　〕として取り出している。

③ **葉緑体**❷　植物細胞に存在する，直径5～10μmのラグビーボール状の細胞小器官で，光エネルギーを利用して〔⁴　　　　　〕を行う場である。内外2枚の膜で包まれている。

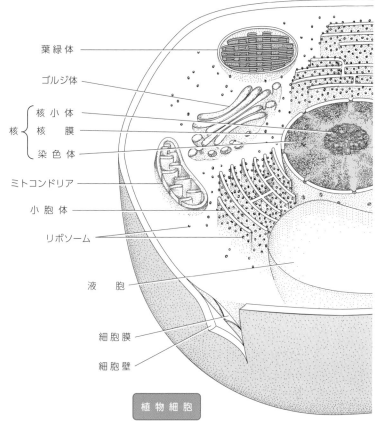

葉緑体
ゴルジ体
核小体
核｛核　膜
染色体
ミトコンドリア
小胞体
リボソーム
液　胞
細胞膜
細胞壁

植物細胞

④ **細胞質**　細胞の核以外の部分を〔⁵　　　　　〕という。〔⁵　　　　　〕は流動性に富んだ〔⁶　　　　　　　　〕で満たされており，タンパク質やアミノ酸などが含まれ，いろいろな物質の合成や分解が行われている。

⑤ **細胞骨格**　〔⁶　　　　　　　　〕全体に広がる繊維状構造で，細胞の形の維持や，細胞内の物質輸送に関係する。

⑥ **液胞**　成熟した植物細胞でよく発達する袋状の細胞小器官。内部に有機物・無機塩類などを含む細胞液で満たされている。

⑦ **細胞膜**　細胞質を囲む，厚さ約5～10nmの薄い膜で，細胞内外の物質の出入りを調節している。

⑧ **細胞壁**　植物細胞の細胞膜の外側にみられる，セルロースを主成分とする丈夫な壁。細胞の保護と形態保持にはたらく。

⑨ **ゴルジ体**　へん平な袋が層状に重なった構造で，まわりに小胞がついている。細胞内で合成されたタンパク質を小胞体から受け取り，小胞に包み込んで必要な場所に輸送する。

❶ミトコンドリアは外膜と内膜の2重の膜に包まれており，内部は外膜と内膜の間の膜間および内膜で囲まれたマトリックスに分かれている。独自のDNAをもっており，細胞内で分裂して増殖する。

❷葉緑体も二重の膜で囲まれた構造をしており，内膜の内側には光合成色素を含むチラコイドという扁平な袋状構造がある。ところどころに，小形のチラコイドが積み重なったグラナという構造をつくる。ミトコンドリアと同様に独自のDNAをもっており，細胞内で分裂して増殖する。

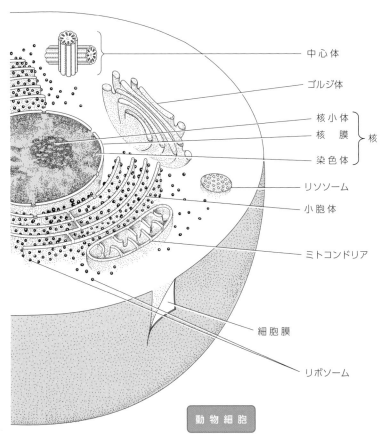

中心体

ゴルジ体

核小体
核 膜 } 核
染色体

リソソーム

小胞体

ミトコンドリア

細胞膜

リボソーム

動 物 細 胞

⑩ **小胞体** 核膜につながった膜状構造で，多数のリボソームが付着したものもある。小胞体はタンパク質の輸送などにかかわっている。

⑪ **リボソーム** 小胞体の表面やその周囲にある小さい粒。〔[7]　　　　　〕合成の場である。

⑫ **中心体** おもに動物細胞でみられ，細胞分裂に関係する。

⑬ **リソソーム** 球形の袋状の構造で，酵素を含み，細胞内で不用になった物質の分解にかかわっている。

 参考

顕微鏡の発明と細胞の研究

　顕微鏡ではじめて細胞の観察を行ったのは，イギリスのロバート＝フックである。彼は自作の顕微鏡を用いてコルクの切片を観察し，その結果，コルクが多数の小さな部屋からできていることを発見して，この小さな部屋を「細胞」と名づけた。顕微鏡の発見によって，細胞の研究は盛んになり，19世紀にはシュライデンが植物のからだは細胞からできていることを見いだし，シュワンが動物のからだも細胞からできていることを見いだして，「細胞は生物の構造と機能の最小単位である」とする細胞説を唱えた。

　その後，電子顕微鏡が発明されて，細胞内の微細な構造体や，ウイルスなどの非常に小さなものまで観察できるようになった。

　なお，ほとんどのウイルスは0.3μm以下の大きさで，原核細胞よりもさらに小さく，生物としての特徴を満たさないことから，生物と無生物の中間の存在として位置づけられている。❸

❸ウイルスの特徴には次のようなものがある。
・細胞膜に包まれた細胞の構造をもたない。
・代謝にともなうエネルギーの出入りがない。
・自ら分裂して増殖しない。
以上の点から，生物としては扱わない。ただし，このウイルスも宿主細胞に取り込まれると宿主細胞の生命活動を利用して増殖し，病気などを引き起こす。

3 エネルギーと代謝

学習の目標
① 生命活動にはエネルギーが必要なことを理解する。
② ATP の形で細胞の生命活動のエネルギーは供給されることを理解する。

1 生命活動とエネルギー

A 私たちの生活とエネルギー

　ヒトは 1 日に 2000 ～ 3000 kcal 程度のエネルギーを必要としている。ヒトが 1 日に使うエネルギー量は次の式から求めることができる。

　　消費エネルギー量（kcal）＝身体活動強度（METs）×活動実施時間（h）
　　　　　　　　　　　　　　　×体重（kg）× 1.05 kcal/（METs・kg・h）

　[身体活動強度の例]　眠る：1.0　歩く：4.0　サッカーをする：7.0
　食事：1.5　授業を受ける：1.8　入浴：1.5　読書：1.3

❶ 1 cal = 4.184 J

❷身体活動の強さを，安静時を 1 METs として，その何倍に相当するかを表す指標である。

2 代謝とエネルギー

A 代謝

　生物は体外から取り入れた物質を，さまざまな化学反応によって他の物質につくり変えて利用している。これらの，生体内で行われる化学反応全体を〔¹　　　〕という。〔¹　　　〕には，同化と異化の 2 つの過程がある。

❶ **同化**　単純な物質から複雑な物質を合成する過程を〔²　　　〕という。〔²　　　〕は，エネルギーを〔³　　　〕する反応で，合成された物質の中にエネルギーを蓄えている。

❷ **異化**　複雑な物質を単純な物質に分解する過程を〔⁴　　　〕という。〔⁴　　　〕はエネルギーを〔⁵　　　〕する過程で，このエネルギーが生物のさまざまな生命活動に利用される。

〔²　　　〕　複雑な物質
エネルギー〔³　　　〕
単純な物質
光合成など

〔⁴　　　〕　複雑な物質
エネルギー〔⁵　　　〕
単純な物質
呼吸など

❸二酸化炭素や水のような物質をいう。

❹タンパク質やデンプンのような物質をいう。

❺同化の代表的な例として植物の行う光合成（◯ p.20）がある。

❻異化の代表的な例として呼吸（◯ p.18）がある。

B 細胞と代謝

　ヒトのからだを構成する細胞は，安静時でも生命活動に必要なタンパク質の合成や不要になったタンパク質の分解など，生命を維持するためにエネルギーを使っている。活動時には，安静時のエネルギーに加え，さらに

❼安静時に必要なエネルギー量を基礎代謝量という。

活動するためのエネルギーが必要である。

C エネルギーの種類と変換

　緑色をした植物の葉では，光合成によって太陽の[⁶　　　　]エネルギーを有機物の中の[⁷　　　　]エネルギーに変換している。動物は，食物として食べた有機物の中の[⁷　　　　]エネルギーを，筋肉では[⁸　　　　]エネルギーに変換して動いている。このとき[⁷　　　　]エネルギーの一部は[⁹　　　　]エネルギーにも変換されるので，運動によって熱が発生する。

❽植物も光合成で得た有機物を呼吸によって分解して，このとき生じるエネルギーで生命活動をしている。

3　ATP

A ATP とは

　細胞内での代謝によるエネルギーの受け渡しは，[¹⁰　　　　]が仲介をしている。[¹⁰　　　　]は，塩基の1つであるアデニンと，糖であるリボースが結合した[¹¹　　　　]に，リン酸が[¹²　　　　]個結合した化合物である。
　[¹⁰　　　　]内のリン酸どうしの結合を[¹³　　　　]結合といい，この結合が切れて[¹⁴　　　　]（アデノシン二リン酸）とリン酸に分解されるときにエネルギーが放出される。逆に結合するときには，同じ量のエネルギーが吸収される。

[¹⁰　　　　] アデノシン三リン酸
アデノシン
リン酸〜リン酸〜リン酸
アデニン（塩基）　リボース（糖）　高エネルギーリン酸結合
リン酸〜リン酸
[¹⁴　　　　] アデノシン二リン酸

❾ATP は正式には，アデノシン三リン酸（adenosine triphosphate）といい，アデノシンにリン酸が3個結合した物質である。また，アデノシンは，RNA の構成成分の1つである（→ p.41）。

B ATP の役割

　細胞内に取り込まれた有機物が分解されるとき，化学エネルギーが放出される。このエネルギーを利用して，ADP とリン酸から[¹⁰　　　　]が合成され，[¹⁰　　　　]の中に化学エネルギーが蓄積される。一方，生命活動にエネルギーが必要なときは，[¹⁰　　　　]が[¹⁴　　　　]とリン酸に分解され，このとき放出されるエネルギーが生命活動に利用される。

❿ATP の化学エネルギーは，運動エネルギーや熱エネルギーだけでなく，電気エネルギーや光エネルギー，他の有機物の中の化学エネルギーにも変換される。

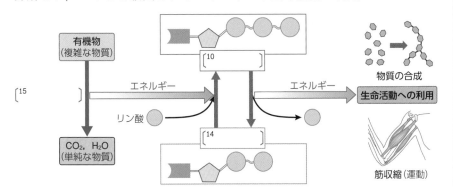

有機物（複雑な物質）
[¹⁵　　　　]
エネルギー
[¹⁰　　　　]
リン酸
[¹⁴　　　　]
CO₂, H₂O（単純な物質）
エネルギー
物質の合成
生命活動への利用
筋収縮（運動）

4 呼吸と光合成

① 呼吸や光合成によって ATP が合成されることを理解する。
② 生命活動は化学反応が連鎖的に起こることで成りたっており，生体内で必要な化学反応は酵素によって進行することを理解する。

1 呼吸

A 呼吸による ATP の合成

　細胞の生命活動に必要なエネルギーは，細胞の〔1　　　　〕のはたらきで供給される。細胞内に取りこまれたグルコースなどの有機物は，〔2　　　　　　〕を用いて最終的に，〔3　　　　　　　〕と水に分解される。このとき有機物がもっていた化学エネルギーが取り出され，〔4　　　　〕とリン酸を結合させて〔5　　　〕を合成し，〔5　　　〕の化学エネルギーとして蓄える。この〔5　　　〕のエネルギーが細胞の生命活動に利用される。真核細胞では，呼吸の過程はおもに〔6　　　　　　　　　〕で行われる。

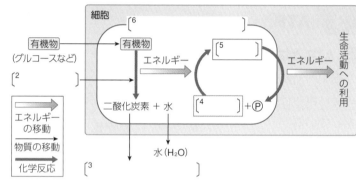

$$有機物 + 酸素 \longrightarrow 二酸化炭素 + 水 + エネルギー$$
$$(C_6H_{12}O_6) \quad (O_2) \qquad (CO_2) \qquad (H_2O) \qquad (ATP)$$

B 呼吸と燃焼の違い

　呼吸は，酸素の存在下で有機物を分解しエネルギーを取り出す点では，燃焼という現象に似ている。

・〔7　　　　〕…有機物を急激に分解するため，取り出されたエネルギーの大部分が〔8　　　〕エネルギーや光エネルギーとして一気に放出される。

・〔9　　　　〕…有機物を段階的に分解して，各段階で生じたエネルギーを ATP の中に蓄えるので，燃焼のように大量の〔8　　　〕エネルギーや光エネルギーを一気に放出することはない。

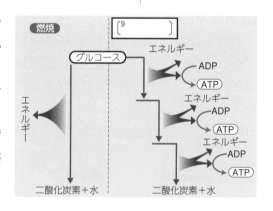

　細胞内に存在する ATP 量は限られているため，生命活動を続けるためには絶えず呼吸によって ATP を供給しなければならない。したがって酸素の供給が止まると ATP が合成できなくなり，死に至る。

発展▶ 呼吸の過程を詳しく見てみよう

呼吸は，おもに〔6　　　　　　　　　〕で行
われる。〔6　　　　　　　　　　　〕は外膜と
〔10　　　　〕の二重の膜で包まれ，〔10　　　　〕は
内側に折れこんだひだをつくっている。内膜に囲
まれた部分は〔11　　　　　　　　　　〕とよばれる。

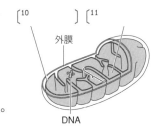

〔10　　　　〕〔11　　　　　　　　　〕
外膜
DNA

呼吸の反応は次の 3 つの過程からなる。

❶ 解糖系　〔12　　　　　　　　　　　〕で行われる反応。細胞に取りこまれた
グルコース $(C_6H_{12}O_6)$❶が，複数の酵素のはたらきによって段階的に分解
されて 2 分子の〔13　　　　　　　　　〕$(C_3H_4O_3)$に分解される。この過
程で ATP が合成される。

❷ クエン酸回路　ミトコンドリアの〔11　　　　　　　　　〕で行われる
反応。2 分子の〔13　　　　　　　　〕が〔6　　　　　　　　　　　〕に
取りこまれ，酵素のはたらきによって段階的に二酸化炭素に分解される。
この過程を〔14　　　　　　　〕回路といい，ATP が合成される。

❸ 電子伝達系　〔6　　　　　　　　　〕の〔10　　　　〕で行われる反応。
❶と❷の過程では，ATP のほかにエネルギーを仲介する物質もつくら
れる。〔15　　　　　　〕系では，それらのエネルギーを仲介する物質
から多量の ATP が合成される❸。この過程では，酸素 (O_2) が利用されて
水 (H_2O) が生じる。〔15　　　　　　〕系では，呼吸の全過程で生成す
る ATP の 85 %以上が合成される。

以上の呼吸の過程をまとめると，以下のような式で表される。

$$C_6H_{12}O_6 + 6O_2 + 6H_2O \longrightarrow 6CO_2 + 12H_2O$$

$$\downarrow$$

エネルギー

（注）　ここで生じたエネルギーは ATP に蓄えられる。

❶グルコースが呼吸の材
料として直接使われるが，
脂肪やタンパク質なども
使われる。

❷解糖系とクエン酸回路
では水素イオン(H^+)と
電子が生成される。これ
らが NAD^+ などに受け取
られて，エネルギーを仲
介する物質である NADH
などができる。

❸エネルギーを仲介する
物質である NADH など
が受け取った電子は，電
子伝達系に渡される。電
子が電子伝達系を通ると
きに生じるエネルギーで
水素イオンの濃度勾配が
つくられ，水素イオンが
濃度勾配にしたがって
ATP 合成酵素を通過す
るときに多量の ATP が
つくられる。

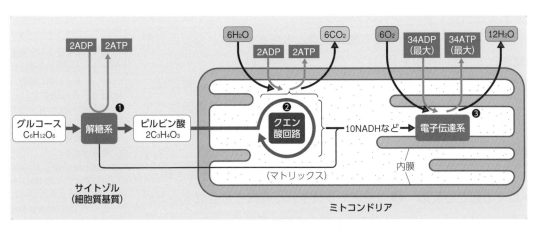

2 光合成

植物細胞もミトコンドリアをもち，呼吸によって有機物を分解して生命活動に必要な ATP を合成している一方，二酸化炭素と水を取りこみ，光エネルギーを利用する [1   ] によってデンプンなどの有機物も合成している。❶

植物の [1   ] は [2   ] で行われる。緑葉に光が当たると，細胞内にある [2   ] では，吸収した光エネルギーを利用して，ADP とリン酸から [3   ] を合成する。

この [3   ] の [4   ] エネルギーを利用して，無機物の [5   ] と水 (H_2O) からデンプンなどの有機物を合成している。

[1   ] の全体の反応は，次のようにまとめることができる。

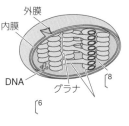

$$[5 \qquad] + \text{水} \xrightarrow[\text{光エネルギー}]{} \text{有機物} + \text{酸素}$$
$$(H_2O) \qquad (C_6H_{12}O_6)❷ \qquad (O_2)$$

図中のラベル：光エネルギー，酸素 (O_2)，[2]，ADP+P，[4]，エネルギー，有機物の合成に利用，デンプンなどの有機物，[3]，水 (H_2O)，[5]，P：リン酸，植物体の構成成分や生命活動のエネルギー源となる

発展 ▶ 光合成の過程を詳しく見てみよう

葉緑体は外膜と内膜の二重の膜に包まれたラグビーボール形の緑色の粒状で，内部には [6   ] とよばれるへん平な袋状構造が発達している。チラコイド膜には [7   ] などの光合成色素が存在する。[6   ] と内膜の間を満たす部分を [8   ] という。[6   ] 膜では光エネルギーを利用して ATP が合成される。[8   ] では，この ATP の化学エネルギーを利用して二酸化炭素と水からデンプンなどの有機物が合成される。この過程を [9   ] 回路という。

図中のラベル：外膜，内膜，DNA，グラナ，[8]，[6]

❶ チラコイド膜で起こる反応 葉緑体の [6   ] 膜には，[7   ] などの**光合成色素**が含まれている。葉緑体に光が当たると，[7   ] などの光合成色素が光エネルギーを吸収し，このエネルギーによって，ADP とリン酸から [10   ] と，二酸化炭素から有機物を合成するために必要な物質が合成される。❸

❷ ストロマで起こる反応 ❶の反応で合成された有機物を合成するために必要な物質と [10   ] のエネルギーを使って，[9   ] 回路で二酸化炭素から有機物が合成される。

❶植物がつくりだした有機物は，植物自身に利用されるとともに，植物食性動物に取りこまれて生命活動に利用され，さらに食物連鎖 (➡ p.88) を通じて動物食性動物にも利用されている。

❷光合成でつくられるデンプンやスクロースは，グルコース ($C_6H_{12}O_6$) がいくつも結合した化合物である。ここでは便宜上 ($C_6H_{12}O_6$) で示した。

❸水の分解によって水素イオンと電子が生成される。これが水素の運搬にはたらく $NADP^+$ に受け取られて NADPH ができる。この NADPH が有機物を合成するのに必要な物質となる。

ストロマでは，カルビン回路で，この NADPH と ATP のエネルギーによって二酸化炭素を還元してグルコース (デンプン) などの有機物を合成する。

光合成全体の反応は次の反応式で表される。

$$6CO_2 + 12H_2O \longrightarrow (C_6H_{12}O_6) + 6O_2 + 6H_2O$$

光エネルギー

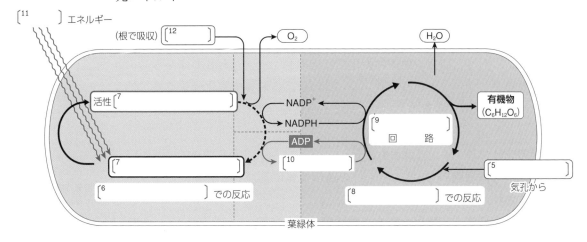

3 エネルギーの流れ

すべての生物が生命活動を営むには ATP のエネルギーが必要である。

❶ **植物** 植物は光合成によって太陽の光エネルギーを[¹³　　　　]の化学エネルギーに変換し，最終的に[¹⁴　　　　　]を合成している。そして合成した[¹⁴　　　　　]を[¹⁵　　　　]によって分解して[¹³　　　　]を取り出している。つまり，植物は太陽の光エネルギーに依存して生活している。

❷ **動物** 動物は光合成を行うことができないため，植物がつくった[¹⁴　　　　　]を直接的または間接的に食物として摂取し，その[¹⁴　　　　]を[¹⁵　　　]によって分解して[¹³　　　]を取り出し，生命活動に利用している。すなわち，動物の生命活動に利用するエネルギーも，もとをただせば太陽の光エネルギーに由来していることになる。

[発展] ❸ **生態系の中のエネルギーの流れ** 生態系の中では，物質の移動にともなって[¹⁶　　　　　]の移動も起こっているが，[¹³　　　　]は，すべての生物のさまざまな生命活動に[¹⁶　　　　　]を供給するという重要なはたらきをしている物質である。

❹ **独立栄養生物と従属栄養生物** 植物のように無機物から[¹⁴　　　]をつくる能力をもち，自ら合成した[¹⁴　　　　]を使って生活できる生物を[¹⁷　　　　]生物という。
　一方，動物のように無機物から[¹⁴　　　　]を合成できず，ほかの生物がつくった[¹⁴　　　　]を直接的・間接的に取りこんで生活している生物を[¹⁸　　　　]生物という。

❹植物のように光合成によって無機物から有機物を合成して生活するような栄養形式の生物を**独立栄養生物**という。

❺動物のように，植物が光合成によって合成した有機物を食物として取りこんで栄養源とする栄養形式の生物を，**従属栄養生物**という。

❻生物とそれらを取り巻く環境とを１つのまとまりとしてとらえたものを**生態系**という（⇒ p.86）。

4　酵素

　呼吸や光合成などの代謝の過程は，連なる多数の化学反応からなることが多いが，その化学反応を進行させるため酵素がはたらいている。

A　触媒としての酵素

❶ 生体触媒としての酵素　それ自体は変化せず，化学反応を促進させる物質を〔¹　　　〕という。生体内の化学反応の〔¹　　　〕としてはたらく物質を〔²　　　〕という。〔²　　　〕は反応の前後で変化せずくり返しはたらくため，少量の〔²　　　〕でも反応を促進し続けることができる。

❷ 酵素の成分　〔²　　　〕はおもに〔³　　　　　　〕からできている。〔²　　　〕は細胞内で〔⁴　　　　〕の遺伝情報に基づいて必要に応じて合成され，細胞内や細胞外❶ではたらく。

❶消化酵素は細胞外に分泌されてはたらく。

❸ 酵素のはたらき　過酸化水素水を試験管に入れて室温で放置すると，過酸化水素がゆっくりと分解されて水と〔⁵　　　〕になるが，〔⁵　　　〕の泡はほとんど発生しない。しかし，この試験管にブタの生の肝臓片を少量入れると盛んに〔⁵　　　〕の泡が発生して過酸化水素は水と〔⁵　　　〕に分解されてしまう。これは，肝臓片に含まれている〔⁶　　　　　　　〕という酵素が過酸化水素の分解反応を促進するからである。

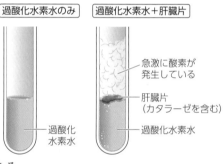

過酸化水素水のみ　　過酸化水素水＋肝臓片

急激に酸素が発生している

肝臓片（カタラーゼを含む）

過酸化水素水

過酸化水素水

$$2H_2O_2 \longrightarrow 2H_2O + O_2$$
過酸化水素　　　　　　　　水　　〔⁵　　　〕

〔⁶　　　　　　　〕

B　酵素の基質特異性

❶ 基質特異性　酵素が作用する物質を〔⁷　　　〕，酵素反応でできた物質を生成物という。酵素には，特定の〔⁷　　　〕にしかはたらかない性質がある。これを〔⁸　　　　　　〕という。生体内では数多くの化学反応❷が進行するが，それぞれの〔⁷　　　〕に対応した数多くの酵素が存在している。

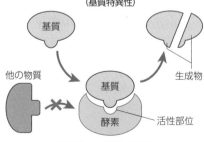

酵素は，特定の基質のみにはたらく（基質特異性）

基質

他の物質

基質

生成物

酵素　　　活性部位

酵素は，くり返しはたらく

❷代謝はふつう，いくつもの連続した化学反応から成り立っている。それぞれの化学反応には，それぞれ異なる酵素がはたらいている。

発展▶基質特異性はなぜ起こる

　酵素には〔⁹　　　　　　〕とよばれる特有の立体構造をした部位があり，その部位に対応した〔⁷　　　〕のみが結合して生成物がつくられる。

C 細胞内での酵素の分布

　細胞内ではたらく酵素は，細胞内に一様に分布しているのではなく，それぞれ特定の場所に存在していることが多い。呼吸に関連する酵素群は[10　　　　　　　　　　]に，光合成に関連する酵素群は[11　　　　　]に存在する。このように酵素が特定の場所に存在することにより，一連の化学反応を秩序立てて行うことができる。

❸最適温度は 40 ℃前後のものが多い。ふつう60 ℃以上になると酵素はその作用を失う。これを酵素が失活したという。

発展▶酵素の環境条件

❶ 最適温度　酵素はタンパク質を主成分とするため，温度やpH の影響を受けやすい。酵素の反応速度は温度が高くなるにしたがって速くなる。しかし，一定以上の高温になると，タンパク質が熱によって変化し，酵素はそのはたらきを失う。酵素の反応速度が最も大きくなる温度を[12　　　　❸　　]という。

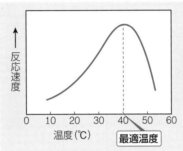

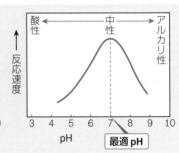

❷ 最適 pH　タンパク質は酸やアルカリによってもその構造が変化するため，酵素は酸性やアルカリ性の強さ（pH）によっても影響を受ける。反応速度が最大になる pH を[13　　　❹　　]という。

❹いろいろな酵素の最適pH
ペプシンは pH2
トリプシンは pH8

重要実験 3　カタラーゼのはたらき

　試験管を 4 本用意し，①何も入れない，②生の肝臓片，③ダイコン，④酸化マンガン（Ⅳ）を，0.5 g ずつそれぞれの試験管に入れた。次に，これら 4 本の試験管に 3 ％過酸化水素水を 3 mL ずつ加えて，4 本の試験管の反応のようすを調べた。

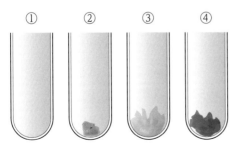

①　　②　　③　　④

[設問] 泡（気体）の発生した試験管はどれか。①〜④からすべて選べ。
[1　　　　　　　　　　　]

[設問] 発生した気体が酸素であることを確かめるためには，どのようにすればよいか。
[2　　　　　　　　　　　　　　　]

[設問] 気体が発生した試験管で起こった化学反応式および，そのときはたらいた酵素名を答えよ。
化学反応式[3　　　　　　　　　]
酵素名[4　　　　　　　　]

[設問] 試験管②で煮沸した肝臓片を使った場合には，気体は発生するか。また，そう考えた理由も答えよ。
気体[5　　　　　　　　]
理由[6　　　　　　　　　　]

1. 顕微鏡観察

バナナ，タマネギ，ヒト，イシクラゲ，ウニ，オオカナダモの細胞を光学顕微鏡で観察し，スケッチした。①～⑥は，それぞれいずれかのものである。①～⑥のプレパラートのつくり方として適当なものを，あとの(a)～(f)から選べ。ただし，観察倍率は同じではなく，×600などは観察倍率である。

① 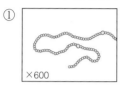　② 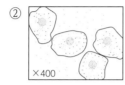　③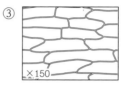

④ 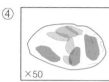　⑤ 　⑥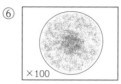

(a) ほおの内側の口腔上皮をつまようじの丸い部分でとって，スライドガラスに置き，水を1滴落とした後，カバーガラスをかけて検鏡する。

(b) しばらく水で浸したイシクラゲをピンセットでとって，スライドガラスに置き，水を1滴落とした後，カバーガラスをかけて検鏡する。

(c) タマネギのりん葉表皮の一部をスライドガラスにとり，水を1滴落とした後，カバーガラスをかけて検鏡する。

(d) オオカナダモの葉を1枚とってスライドガラスに置き，水を1滴落とした後，カバーガラスをかけて検鏡する。

(e) バナナの果肉の一部をスライドガラスになすりつけて，水を1滴落とした後，カバーガラスをかけて検鏡する。

(f) ウニの未授精卵をスライトガラスにとり，海水を1滴落とした後，カバーガラスをかけて検鏡する。

2. 生物の多様性と共通性

次の表は，脊椎動物の特徴をまとめたものである。あとの問いに答えよ。

動物	(A)	(B)	(C)	(D)	(E)
脊椎	あり	あり	あり	あり	あり
運動器	四肢	四肢(翼)	ひれ	四肢	ひれと四肢
呼吸器官	肺	肺	えら	肺	えら・肺・皮膚
子の生まれ方	胎生	卵生	卵生	卵生	卵生
母乳	あり	なし	なし	なし	なし

(1) 上の表からわかる，脊椎動物に共通する特徴を1つ答えよ。

(2) (A)～(E)に該当する脊椎動物のグループの名称を，次の(ア)～(オ)から選べ。

(ア) 魚類　　(イ) 両生類　　(ウ) は虫類　　(エ) 鳥類　　(オ) 哺乳類

(3) 上の表からわかる，哺乳類だけにみられる特徴を2つ答えよ。

1.

① _____

② _____

③ _____

④ _____

⑤ _____

⑥ _____

2.

(1) _____

(2) (A) _____

(B) _____

(C) _____

(D) _____

(E) _____

(3) _____

3. 細胞の構造

　右表は，原核細胞と真核細胞（動物細胞および植物細胞）の構造体の有無をまとめたものである。表中の①～⑤は，次の(ア)～(オ)のどれに相当するか。ただし，⑤は呼吸に関係する細胞小器官である。

(ア) 葉緑体　　　　(イ) 細胞膜
(ウ) 細胞壁　　　　(エ) 核膜
(オ) ミトコンドリア

構造体＼細胞	原核細胞	真核細胞 動物	真核細胞 植物
DNA	＋	＋	＋
①	＋	－	＋
②	＋	＋	＋
③	－	＋	＋
④	－	－	＋
⑤	－	＋	＋

＋は存在することを，－は存在しないことを示す。

3.
① _____
② _____
③ _____
④ _____
⑤ _____

4. 酵素反応

　次図は，ある酵素Xと試験管内における基質Aの濃度と反応速度，反応温度と反応速度，および反応時間と生成物量の関係を調べたものである。あとの各問いに答えよ。

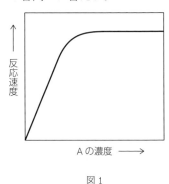

図1

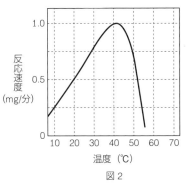

図2

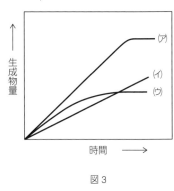

図3

(1) 図1，図2のグラフの説明として適当なものを，次からすべて選べ。
　① 基質Aの濃度が上がるに従って，酵素Xと基質Aの出会う確率は高くなる。
　② ある一定の温度のとき，酵素Aの反応速度は最大になる。
　③ ある温度までは，酵素Xの反応速度は温度の上昇に伴って速くなる。
　④ 基質Aの濃度がある濃度以上になると，酵素Xは基質Aと反応できなくなる。
(2) 図3において，図中の(ア)の実線は酵素Xを最適条件の下で反応させたときの結果である。ある条件を変えて反応を行わせたところ，図中の(イ)，(ウ)のような実線となった。(イ)と(ウ)はそれぞれどのように反応条件を変えたときの反応か。次から適当なものをすべて選べ。
　(a) 反応温度を20℃にした。
　(b) 反応速度を60℃にした。
　(c) 基質Aの濃度を$\frac{1}{2}$にした。
　(d) 酵素Xの濃度を$\frac{1}{2}$にした。

4.

(1) 図1：_____
　　図2：_____
(2) (イ) _____
　　(ウ) _____

1 **（顕微鏡観察）** 光学顕微鏡を用いた実験操作について答えよ。

(1) 次の(ア)〜(ク)は光学顕微鏡の操作を記述したものであるが，1つだけ誤り
がある。それを除く7つを，操作の正しい順となるように並べ替えよ。

　(ア) レボルバーをまわして高倍率にする。

　(イ) 接眼レンズを鏡筒に装着する。

　(ウ) 対物レンズをレボルバーに装着する。

　(エ) より詳しく観察したい部分を視野の中央に移動させる。

　(オ) 反射鏡を動かして視野を明るくし，試料がステージの中央にくるよう
　　　にプレパラートをおく。

　(カ) 接眼レンズをのぞきながら，調節ねじをまわして，対物レンズとプレ
　　　パラートを近づける。

　(キ) 接眼レンズをのぞきながら，対物レンズとプレパラートを遠ざけてピ
　　　ントを合わせる。

　(ク) 横から見ながら調節ねじをまわして，対物レンズとプレパラートを近
　　　づける。

(2) 光学顕微鏡で観察したとき，対象物が図のように視野の端に寄っていた。
この対象物を視野の中央で見るには，プレパラートをステージ上でどの
方向に動かせばよいか。記号で答えよ。ただし，この顕微鏡では，試料
の上下左右が逆に見える。

(3) 顕微鏡標本をつくるときに固定液を用いる理由を，次の中から選べ。

　(a) 特定の細胞小器官を染色し，観察しやすくする。

　(b) 細胞どうしの結合をゆるめ，細胞をばらばらにして観察しやすくする。

　(c) 細胞の活動を停止させ，その形態・組成などをできるだけ保存する。

2 **（顕微鏡の特性）** 次の(1)〜(3)に関する説明文のうち，正しいものをそ
れぞれ選べ。

(1) 焦点深度（焦点を合わせたとき，像がはっきり見える奥行きの深さ）

　(a) 低倍率の対物レンズのほうが，高倍率のレンズよりも浅い。

　(b) 低倍率の対物レンズのほうが，高倍率のレンズよりも深い。

　(c) 対物レンズの倍率に関係なく等しい。

(2) 視野の広さ

　(a) 低倍率の対物レンズの視野は，高倍率のレンズよりも広い。

　(b) 低倍率の対物レンズの視野は，高倍率のレンズよりもせまい。

　(c) 対物レンズの倍率に関係なく等しい。

(3) 視野の明るさ

　(a) 低倍率の対物レンズの視野は，高倍率のレンズよりも明るい。

　(b) 低倍率の対物レンズの視野は，高倍率のレンズよりも暗い。

　(c) 対物レンズの倍率に関係なく等しい。

1

(1)　　　→　　　→

　　→　　　→　　　→

　　→

(2)

(3)

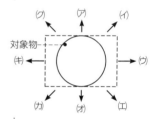

対象物

2

(1)

(2)

(3)

3 （ミクロメーターの使い方） 40 倍の対物レンズと 10 倍の接眼レンズを取りつけた顕微鏡に，接眼ミクロメーターと対物ミクロメーターを取りつけて検鏡したところ，図 1 のように見えた。また，ある細胞の長径をこの倍率で測定すると，接眼ミクロメーター 20 目盛りに相当した。ただし，対物ミクロメーターの 1 目盛りの長さは 10 μm であり，また，接眼ミクロメーターの目盛りには数値が入っている。

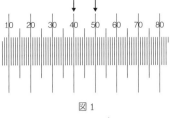

図 1

(1) この顕微鏡の観察倍率は何倍か。

(2) 図 1 のとき，接眼ミクロメーターの 1 目盛りの長さは何 μm か。

(3) 文中の下線部の操作として適当なものを，次から選べ。ただし，細胞の上にはカバーガラスをかけている。

　① 対物ミクロメーターの上に，ある細胞を置いて観察する。

　② 接眼ミクロメーターの上に，ある細胞を置いて観察する。

　③ スライドガラスの上に，ある細胞を置いたものを観察する。

(4) ある細胞の長径は 20 目盛りあった。細胞の長径は何 μm か。

4 （生物の多様性と共通性） 次の(1)～(8)の文章のうち，多様性について説明したものには A を，共通性について説明したものには B を記せ。

(1) 哺乳類と鳥類は肺呼吸を行う。

(2) 生物のからだは，細胞からできている。

(3) スイートピーの花の色には，赤色や黄色，白色などがある。

(4) 生物は，細胞の中に DNA をもっている。

(5) アユは水中で生活し，ヒトは陸上で生活する。

(6) 生物は，ATP のエネルギーをいろいろな生命活動に利用している。

(7) 細胞は分裂によって増殖する。

(8) 年間の降水量が多い地域には森林がみられ，降水量が少ない地域には草原がみられる。

5 （生物の基本的特徴） 次の文章は生物のもつ基本的な特徴を述べたものである。正しいものには○を，誤っているものには×を記せ。

(1) 生物のからだは細胞からできている。

(2) すべての生物の細胞には核がみられる。

(3) 多細胞生物では，一定のはたらきをもつ細胞が集まって組織をつくり，組織が集まってまとまったはたらきをする器官をつくっている。

(4) 生物の形質はタンパク質の種類で決まるが，それを決定する遺伝情報の本体は DNA である。

(5) 光合成では太陽からの化学エネルギーを光エネルギーへと変換している。

(6) 生物は，ATP のエネルギーを生命活動に利用しているが，この ATP は呼吸のみで生産される。

3
(1)
(2)
(3)
(4)

4
(1)
(2)
(3)
(4)
(5)
(6)
(7)
(8)

5
(1)
(2)
(3)
(4)
(5)
(6)

6 **(細胞の構造)** 図は，ある細胞を光学顕微鏡で観察したときの模式図である。以下の各問いに答えよ。

(1) 図は，動物細胞か植物細胞か。その根拠も述べよ。

(2) 図中の①〜⑥の構造の名称をそれぞれ答えよ。

(3) 図中の⑦で示した，各細胞小器官の間を満たしている部分を何というか。

(4) 図の⑥の部分を赤色に染色するのに適当な染色液を1つ答えよ。

(5) 次の(a)〜(e)のはたらきをする構造として適当なものを，図中の①〜⑦から選べ。

  (a) 緑色の細胞小器官で，光合成の場となる。

  (b) 細胞膜の外側にある丈夫な構造で，細胞の形の保持にはたらく。

  (c) 酸素を用いて有機物を分解し，ATP を合成する。

  (d) 細胞の内部と外部を仕切る薄い膜で，細胞内外の物質の出入りを調節している。

  (e) 核や細胞小器官のまわりを満たす液状の物質である。

発展 ▶ **7** **(細胞の構造)** 図は，ある細胞を電子顕微鏡で観察したときの模式図である。以下の各問いに答えよ。

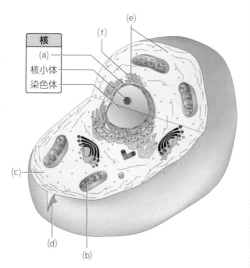

(1) 図は，動物細胞か，植物細胞か。

(2) 図中の(a)〜(f)の部分の名称として適当なものを，それぞれ下から選べ。

  (ア) ミトコンドリア

  (イ) ゴルジ体

  (ウ) 小胞体

  (エ) 核膜

  (オ) リボソーム

  (カ) サイトゾル(細胞質基質)

  (キ) 細胞膜

(3) 図中の(a)〜(f)の部分の説明として適当なものを，下から選べ。

  ① 核と細胞質を仕切る。

  ② 核や細胞小器官の間を満たす液状の物質。

  ③ タンパク質を合成する場。

  ④ 合成されたタンパク質の通路。

  ⑤ 酸素を使った呼吸によって ATP をつくる。

  ⑥ 細胞の内外を仕切る。

6

(1) _____

根拠… _____

_____

(2) ① _____

  ② _____

  ③ _____

  ④ _____

  ⑤ _____

  ⑥ _____

(3) _____

(4) _____

(5) (a) _____ (b) _____

  (c) _____ (d) _____

  (e) _____

7

(1) _____

(2) (a) _____ (b) _____

  (c) _____ (d) _____

  (e) _____ (f) _____

(3) (a) _____ (b) _____

  (c) _____ (d) _____

  (e) _____ (f) _____

核
(a)
核小体
染色体

8 **（原核細胞の構造）** 図は，ある原核細胞の模式図である。以下の問いに答えよ。

DNA

線毛

(1) 図中の(a)～(c)の各部分の名称を答えよ。

(2) 原核細胞のおよその大きさを下から選べ。

　(ア) 100～200μm　　(イ) 10～20μm　　(ウ) 1～数μm　　(エ) 0.1～0.5μm

(3) 原核細胞は DNA をもつか，もたないか。

(4) 原核細胞に該当するものを，次からすべて選べ。

　(ア) 大腸菌　　(イ) 乳酸菌　　(ウ) 酵母菌

　(エ) シアノバクテリア　　(オ) 納豆菌

9 **（原核細胞と真核細胞）** 表は，① 原核細胞，② 動物細胞，③ 植物細胞を構成するいろいろな構造体(a)～(e)の存在の有無をまとめたものである。以下の各問いに答えよ。ただし，(d)は光合成，(e)は呼吸に深くかかわる細胞小器官である。また，その構造体が＋は存在することを，－は存在しないことを示す。

(1) 表中の構造体(a)～(e)は，それぞれ次のどれに相当するか。

　(ア) 葉緑体　　(イ) ミトコンドリア

　(ウ) 細胞膜　　(エ) 核

　(オ) 細胞壁

構造体	(A)	(B)	(C)
(a)	＋	＋	－
(b)	＋	＋	＋
(c)	＋	－	＋
(d)	＋	－	－
(e)	＋	＋	－

(2) 表中の(A)～(C)は，それぞれ①～③のどの細胞に相当するか。

(3) (A)～(C)の生物として適当なものを，次の中からそれぞれ選べ。

　(ア) ヒ ト　　(イ) 大腸菌　　(ウ) ユ リ

10 **（生物の体内での化学反応）** 生物の体内での化学反応に関する次の文章を読み，以下の問いに答えよ。

　生物の体内では，エネルギーの変化や移動，出入りが行われている。

　生物は，(a)体外から単純な物質を取りこんで，生体を構成する複雑な物質（有機物）を合成し，エネルギーを蓄えている。また，生物は，(b)合成した有機物や体外から取り入れた有機物を簡単な物質に分解し，エネルギーを取り出している。

　このように，(c)生物の体内では，体外から取りこんだ物質を，いろいろな化学反応によって他の物質につくり変えて利用している。

(1) 文中の下線部(a)の過程を何というか。また，この過程の例を1つ答えよ。

(2) 文中の下線部(b)の過程を何というか。また，この過程の例を1つ答えよ。

(3) 文中の下線部(c)の化学反応全体を何というか。

(4) 生体内で，エネルギーの変化や移動の仲介をする物質は何か。

8
(1) (a)
(b)
(c)
(2)
(3)
(4)

9
(1) (a)
(b)
(c)
(d)
(e)
(2) (A)
(B)
(C)
(3) (A)
(B)
(C)

10
(1) 過程…
例…
(2) 過程…
例…
(3)
(4)

11 （**ATP**） 生体内で行われる
代謝において，エネルギーの受け
渡しを担っている物質は ATP で
ある。図は，その ATP の構造を
模式的に示したものである。

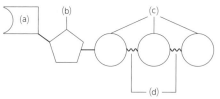

(1) ATP を構成する 3 つの構造，
　　(a)，(b)，(c)の名称をそれぞれ答えよ。

(2) (d)の結合の名称を答えよ。

(3) ATP の正式な名称を答えよ。

(4) 次の部分の名称を答えよ。記号は構成単位を示している。
　　① (a)+(b)
　　② (a)+(b)+(c)+(c)

(5) ATP は代謝に伴ういろいろな化学反応において，エネルギーの移動や変
　　換などの仲介をしていることから，何とよばれているか。

(6) 生体内で起こる次の過程のうち，ATP を利用しない過程を選べ。
　　① 筋収縮
　　② ホタルの発光
　　③ シビレエイの発電
　　④ デンプンの分解

12 （**呼　吸**） 次の文章を読み，以下の問いに答えよ。
　生物が，細胞内で酸素を利用し
てグルコースなどの有機物を分解
し，エネルギー取り出す過程を
（　①　）という。（　①　）に
よって取り出されたエネルギー
は，（　②　）に一旦蓄えられた
後，いろいろな生命活動に利用さ

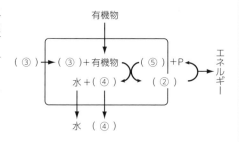

れる。図は（　①　）の過程を模式的に示したものである。

(1) 文中および図中の空欄に適当な語句を記入せよ。

(2) 細胞内で，文中の下線部のはたらきをする細胞小器官の名称を答えよ。

13 （**光合成**） 次の文章を読み，以下の問いに答えよ。
　生物が光エネルギーを利用し，二酸化炭素を取りこんでグルコースなどの
（　①　）につくりかえるはたらきを（　②　）という。図は（　②　）の過程を
模式的に示したものである。

(1) 文中および図中の空欄に適当
　　な語句を記入せよ。

(2) 植物の細胞内で，文中の下線
　　部のはたらきをする細胞小器
　　官の名称を答えよ。

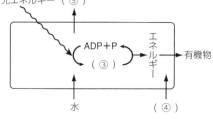

11
(1) (a)
　　(b)
　　(c)
(2)

(3)
(4) ①
　　②
(5)
(6)

12
(1) ①
　　②
　　③
　　④
　　⑤
(2)

13
(1) ①
　　②
　　③
　　④
　　⑤
(2)

14 **(光合成と呼吸およびエネルギーの流れ)** ①～⑤について，光合成だけにみられるものには A，呼吸だけにみられるものには B，両者でみられるものには C を記せ。

① ATP の生成　　　　② 酸素の生成

③ 二酸化炭素の生成　　④ 酵素が触媒する

⑤ エネルギーの変換や移動

15 **(酵　素)** 次の文章のうち，正しいものには○を，誤っているものには×を記せ。

① 酵素は細胞内でつくられ，細胞内でしかはたらかない。

② 酵素の主成分は炭水化物で，細胞外ではたらくものもある。

③ 酵素は 1 回はたらくと，そのはたらきを失う。

④ 酵素は何回もはたらくことができるので，わずかな量で多量の物質の反応を促進する。

⑤ 酵素は，葉緑体やミトコンドリアなどにも含まれている。

⑥ 酵素と同じ化学反応を促進する無機触媒は存在しない。

16 **(酵　素)** 次の文章を読み，以下の問いに答えよ。

生体内では，多くの化学反応が，ゆるやかな反応条件で①触媒作用をする物質のはたらきにより進行している。②その物質は特定の物質にしかはたらかない性質をもっている。

(1) 下線部①について，この物質の名称および，その物質を構成する化学成分を答えよ。

(2) 下線部②について，このような性質を何というか。

17 **(酵素の実験)** 次の文章を読み，以下の問いに答えよ。

①～④の試験管に，それぞれ以下の表に記されたものを入れ，そのときの反応を調べた。

試験管	試験管に入れたもの
①	蒸留水 5 mL ＋肝臓片 1 g
②	3 ％過酸化水素水 5 mL
③	3 ％過酸化水素水 5 mL ＋酸化マンガン (IV) 1 g
④	3 ％過酸化水素水 5 mL ＋肝臓片 1 g

(1) 実験の結果，気体が発生する試験管はどれか。すべて選べ。

(2) 発生した気体は何か。

(3) 反応終了後に新たな肝臓片を加えたとき，気体が発生する試験管はどれか。

発展▶(4) 試験管③と④で，肝臓片と酸化マンガン (IV) を，あらかじめ高温で処理してから実験を行った場合，気体が発生する試験管はどれか。

14
① _____
② _____
③ _____
④ _____
⑤ _____

15
① _____
② _____
③ _____
④ _____
⑤ _____
⑥ _____

16
(1) 名称… _____
　成分… _____
(2) _____

17
(1) _____
(2) _____
(3) _____
(4) _____

5 遺伝情報と DNA

学習の目標
① DNA は 2 本のヌクレオチド鎖からなり，二重らせん構造をしていることを理解する。
② 遺伝情報は DNA の塩基配列にあることを理解する。

1 遺伝情報を含む物質—DNA

A 遺伝子と DNA

子ができるとき，親から子へと，生物の形質を決める〔¹　　　〕が伝えられる。〔¹　　　〕の本体は〔²　　　〕(デオキシリボ核酸) という物質である。

多くの生物では，子をつくるとき，卵や精子などの〔³　　　❶　　　〕がつくられ，これが受精して子ができる。卵は母親から，精子は父親から受け継いだ〔²　　　〕をもっており，受精によって生じた〔⁴　　　〕は，父親と母親のそれぞれから受け継いだ〔²　　　〕をもつことになる。

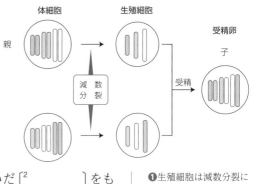

体細胞　　生殖細胞　　受精卵

親

減数分裂

受精

子

❶生殖細胞は減数分裂によってつくられるので，親の半数の染色体をもつ。したがって，DNA 量も半量となる。

B 遺伝情報

〔²　　　〕によって親から子に受け継がれる情報を〔⁵　　　〕という。すべての生物は〔⁵　　　〕の担い手として〔²　　　〕をもっている。これは，すべての生物が共通の祖先から〔⁶　　　〕してきた証拠でもある。

重要実験 4 DNA の抽出

〔手順〕 ① 15 ％食塩水 25 mL に中性洗剤を 1 滴加えてかき混ぜたものを DNA 抽出液とする。

② ブロッコリーの花芽 15 g をハサミで切り取り，乳鉢と乳棒でよくすりつぶし，①の DNA 抽出液を入れ，乳棒で静かにかき混ぜる。

③ ②をガーゼでろ過し，ろ液をビーカーにとる。

④ ろ液に，あらかじめよく冷やしておいたエタノールをろ液と同量，ガラス棒に沿わせて静かに注ぐ。

⑤ ろ液とエタノールの境界面付近に析出した白色の繊維状物質を確認する。

⑥ ⑤に酢酸オルセイン液を 1 滴落としてみる。

設問 DNA の抽出実験の材料として，ブロッコリーの花芽を使ったのはなぜか。

〔¹　　　　　　　　　　　　　　〕

設問 DNA 抽出液に食塩水を使うのはなぜか。

〔²　　　　　　　　　　　　　　〕

設問 (1)手順⑥で酢酸オルセイン液を加えるとどうなるか。また，(2)そのことから何がわかるか。

(1)〔³　　　　　　　　　　　　〕

(2)〔⁴　　　　　　　　　　　　〕

2　DNAの構造

A　DNAの構成単位

DNAは，[7　　　　　　　　　　]とよばれる構成単位が多数鎖状に結合した高分子化合物である。❷

[7　　　　　　　　　　]は，[8　　　　　　](デオキシリボース)，[9　　　　　　]，塩基からなる。

DNAを構成する[7　　　　　　　　　　]の塩基には，A([10　　　　　　　])，T([11　　　　　　])，G([12　　　　　])，C([13　　　　])の4種類があって，[7　　　　　　　　　　]はそのいずれかを含む。したがって，[7　　　　　　　　　　]の種類は[14　　]種類ある。

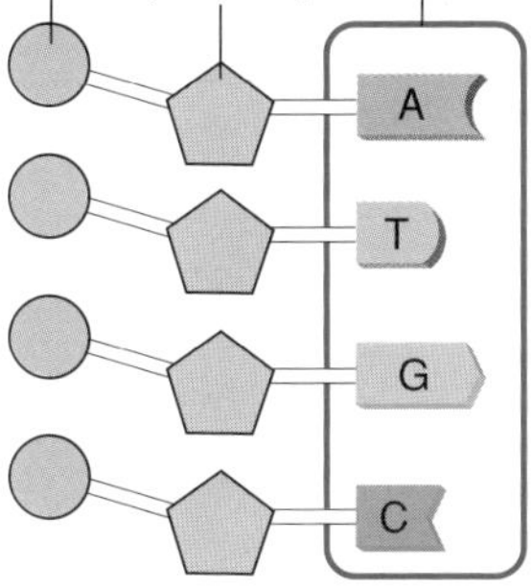

リン酸　糖(デオキシリボース)　塩基

❷ヌクレオチドが多数つながってできた物質を核酸といい，核酸にはDNA以外にRNA(➡ p.41)もある。

B　塩基の相補性

❶ 相補性　DNAは，右図のように，2本の[15　　　　　　　　　　]が，塩基の部分で対になって結合している。塩基どうしの対を[16　　　　　]❸という。

この[16　　　　　]をみると，常にAと[17　　　　]，Gと[18　　　　]が対をつくっている。このような，塩基の互いに補い合う関係を，塩基の[19　　　　　]という。塩基に[19　　　　　]があるため，DNAは，一方の[15　　　　　　　　　　]の塩基の並び方が決まれば，他方の[15　　　　　　　　　　]の塩基の並び方も自動的に決まってくる。

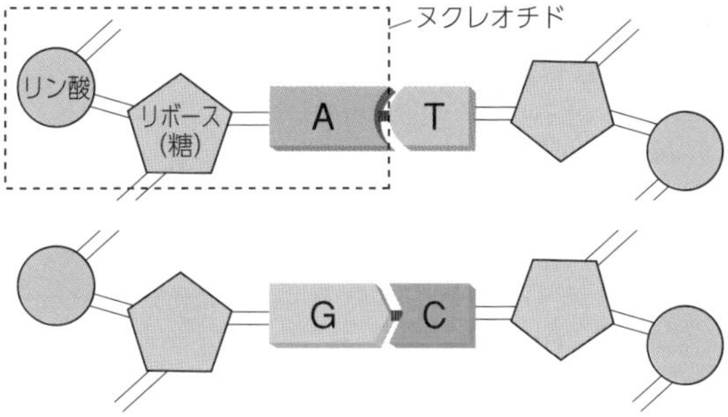

リン酸　リボース(糖)　ヌクレオチド

❸シャルガフは，DNAに含まれる塩基数を調べて，どのような生物の細胞でも，AとT，GとCの数の割合が等しいことを発見した。この規則をシャルガフの規則という。これはAとT，CとGが塩基対をつくっているためである。

例題❶　塩基の相補性

DNAの1本のヌクレオチド鎖の塩基の並び方が，ATGCTTAGCTの場合，他方のヌクレオチド鎖の塩基の並び方はどのようになるか。

解答　AとT，CとGが相補的に結合するので，一方がATGCTTAGCTなら，他方はTACGAA　│　TCGAとなる。

答　[1　　　　　　　　　　]

類題 1　DNAの一本のヌクレオチド鎖の塩基の並び方が，CCGTGCCATの場合，他方の塩基の並び方はどのようになるか。　　　　　　　　　　　　　　　　　[1　　　　　　　　　　]

❷ 二重らせん構造

DNA は，[¹　　]本のヌクレオチド鎖が塩基の部分で結合し，全体がねじれてらせん状になった構造をしている。この構造を DNA の[²　　]❷という。

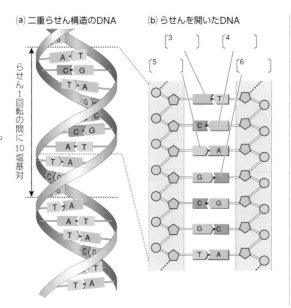

(a) 二重らせん構造のDNA

らせん1回転の間に10塩基対

(b) らせんを開いたDNA

[³　　] [⁴　　]

[⁵　　] [⁶　　]

❶ DNA の糖とリン酸は強い結合でつながっているのに対して，塩基対 A と T，C と G は水素を介してゆるやかに結合している（水素結合という）。

❷ フランクリンとウィルキンスは，DNA に X 線を照射して分子の配置を調べる X 線回折の研究結果から，DNA がらせん構造をしていることを発見した。またそのデータから，ワトソンとクリックは DNA の二重らせん構造モデルを提唱した。

例題 ❷　**DNA の塩基組成**

　　ある DNA に含まれる 4 種類の A・T・C・G の割合を調べたところ，A が全体の 32 ％であった。この DNA に含まれる T と G の割合は，それぞれいくらか。

解答 1 つの DNA 分子中では，A と T，G と C がそれぞれ対になっているので，A と T の割合は等しく[¹　　]％ずつとなっている。また，G と C の割合も等しく，これは，A と T の残りの半分ずつになる。

$$\frac{100 - (32 + 32)}{2} = [²　　] \%$$

　　答　T：[¹　　]％，G：[²　　]％

類題 2　ある DNA の一方の鎖の塩基の割合は，A が 26 ％，G が 24 ％，C が 20 ％であった。

(1) もう一方の鎖の塩基のうち，A は何％か。　　　　　　　　　　　　　　　　[¹　　]％

(2) DNA 全体でみると全塩基のうち A は何％か。　　　　　　　　　　　　　　[²　　]％

C DNA と遺伝情報

　　DNA を構成するヌクレオチドはすべての生物で共通である。一方，DNA を構成する塩基配列は，生物によって異なっている。遺伝情報は DNA の[⁷　　　　]に存在し，この[⁷　　　　]が遺伝子の本体として，細胞から細胞へ，親から子へと受け継がれる。❸

❸ DNA は卵や精子などの生殖細胞を介して受け継がれる。生殖細胞の DNA 量は半数となっているので，受精でできる子の DNA 量は親と同じになる。ただし，その遺伝情報は親とは異なる組み合わせとなる。

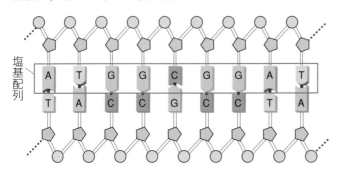

塩基配列

A T G G C G G A T
T A C C G C C T A

① グリフィスの実験

肺炎球菌には，外側にさやをもつ病原性のS型菌と，さやをもたない非病原性のR型菌がある。グリフィスは，加熱殺菌した〔8　　〕型菌をネズミに注射しても発病しないが，これを生きた〔9　　〕型菌と混ぜた後に注射するとネズミは発病し，体内からは〔8　　〕型菌が見つかることを発見した。これは，〔8　　〕型菌の何らかの物質が〔9　　〕菌に取りこまれることで，〔9　　〕型菌が〔8　　〕型菌に〔10　　〕したと考えられた。

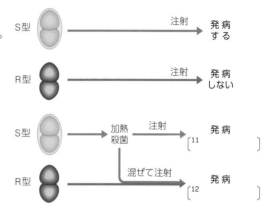

② エイブリーらの実験

エイブリーらは，S型菌をすりつぶして得た抽出液を，R型菌にまぜて培養すると，〔9　　〕型菌から〔8　　〕型菌へ〔10　　〕するものが現れることを発見した。また，S型菌の抽出物を，〔13　　〕分解酵素で処理したもの，および〔14　　〕分解酵素で処理したものをそれぞれ，別々に生きたR型菌に与えて培養すると，〔13　　〕分解酵素で処理したものを与えたときだけ，〔9　　〕型菌から〔8　　〕型菌への〔10　　〕が起こらないことを発見した。このことから，S型菌の〔13　　〕が〔9　　〕型菌に取りこまれることによって，〔10　　〕が起こると考えられた。

③ ハーシーとチェイスの実験

T₂ファージは，タンパク質の殻とDNAからなり，大腸菌に寄生して増殖する。ハーシーとチェイスは，DNAとタンパク質を特殊な方法で別々に標識したファージを大腸菌に感染させ，内部に侵入するのはどちらかを調べた。すると，大腸菌からは標識したファージの〔13　　〕だけが検出された。このことから，ファージは〔13　　〕だけを大腸菌に侵入させることがわかった。また，大腸菌内で新たに〔13　　〕と〔14　　〕が合成され，子ファージがつくられることもわかった。この実験により，遺伝子の本体が〔13　　〕であることが広く認められるようになった。

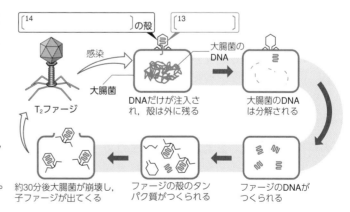

6 遺伝情報の複製と分配

学習の目標
① DNA は半保存的に複製されることを理解する。
② 細胞周期の S 期に DNA が複製され，M 期に 2 つの細胞に等しく分配されることを理解する。

1 遺伝情報の複製

A 細胞周期

体細胞分裂では，[¹   ]は複製されて 2 つの細胞に等しく分配される。この[¹   ]には DNA も含まれているので，遺伝情報の本体である DNA も[²   ]されて 2 つの細胞に等しく分配される。体細胞分裂をくり返す細胞では，①DNA が[²   ]される過程と，②[²   ]された DNA が 2 つの細胞に均等に[³   ]される過程が周期的にくり返されている。これを[⁴   ]という。

❶ DNA が複製される過程 DNA の[²   ]の準備を行う[⁵   ]（DNA 合成準備期），DNA の[²   ]を行う[⁶   ]（DNA 合成期），分裂の準備を行う[⁷   ]（分裂準備期）に分けられ，[⁵   ]，[⁶   ]，[⁷   ]をまとめて[⁸   ]という。

❷ 複製された DNA が 2 つの細胞に均等に分配される過程
[⁹   ]（分裂期）といい，この時期に細胞分裂が行われる。

間 期　　分裂期(M 期)

❶染色体は，DNA とヒストンというタンパク質からなる。

❷細胞周期の G_1，S，G_2 期が相当する。

❸M 期が相当する。

B DNA の複製

DNA を構成する塩基には[¹⁰   ]があり，A と T，G と C が塩基対をつくる。そのため，一方のヌクレオチド鎖の[¹¹   ]が決まれば，他方のヌクレオチド鎖の[¹¹   ]も自動的に決まる。

この特性を利用し，まず DNA の 2 本のヌクレオチド鎖が 1 本ずつに分かれ，それぞれが[¹²   ]となって，相補的な塩基をもつヌクレオチドが塩基の部分で結合する。このヌクレオチドが，できつつあるヌクレオチド鎖に次々と結合することで，新しいヌクレオチド鎖ができる。この複製方法を[¹³   ]という。

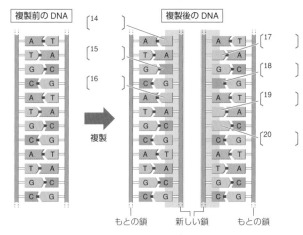

複製前の DNA　[¹⁴   ]　複製後の DNA

[¹⁵   ]
[¹⁶   ]

複製

[¹⁷   ]
[¹⁸   ]
[¹⁹   ]
[²⁰   ]

もとの鎖　新しい鎖　もとの鎖

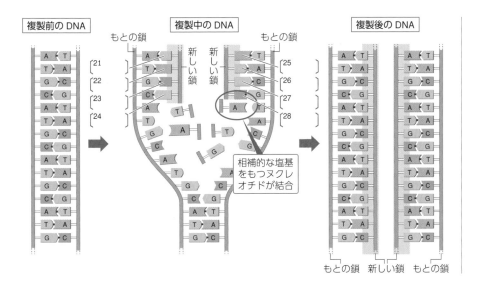

| 複製前の DNA | 複製中の DNA | 複製後の DNA |

もとの鎖　　　　新しい鎖　もとの鎖

相補的な塩基
をもつヌクレ
オチドが結合

もとの鎖　新しい鎖　もとの鎖

❹ ¹⁵N は ¹⁴N よりも中性
子が 1 個多いので重い。

参考 DNA の半保存的複製の証明

メルソンとスタールは，次のような過程で
DNA の半保存的複製のしくみを明らかにした。

① 普通の窒素（¹⁴N）よりも重い窒素（¹⁵N）❹で置
き換えた塩化アンモニウム（¹⁵NH₄Cl）を栄養
分として大腸菌を継代培養すると，¹⁵N を塩
基に取りこみ，¹⁵N のみからなる〔²⁹　　　〕
DNA となる。

② この大腸菌を，¹⁴NH₄Cl を含む培地で 1 回分
裂させると，¹⁵N のみからなる DNA と，¹⁴N
のみからなる DNA の〔³⁰　　　〕の重さの
DNA だけとなった。

③ 2 回目の分裂後の DNA は，〔³⁰　　　〕の重
さの DNA と ¹⁴N のみからなる〔³¹　　　〕

DNA の割合が，〔³⁰　　　〕の重さの DNA
：〔³¹　　　〕DNA＝〔³²　　　〕：〔³³　　　〕と
なった。この結果から，1 回目の分裂後にで
きた DNA は，¹⁵N と ¹⁴N を半分ずつもつこ
とがわかり，DNA の〔³⁴

　　　〕のしくみが明らかにされた。

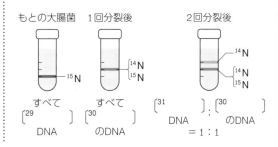

もとの大腸菌　　1 回分裂後　　　2 回分裂後

¹⁴N
¹⁵N

¹⁴N
¹⁴N
¹⁵N

すべて
〔²⁹　　　〕
DNA

すべて
〔³⁰　　　〕
のDNA

〔³¹　　　〕
DNA
＝ 1：1

〔³⁰　　　〕
のDNA

例題❸ DNA の半保存的複製の証明

上記の参考の「DNA の半保存的複製の証明」について，次の問いに答えよ。
(1) 3 回目の分裂後は，重い DNA：中間の重さの DNA：軽い DNA の割合はどうなると予想されるか。
(2) 4 回目の分裂後は，重い DNA：中間の重さの DNA：軽い DNA の割合はどうなると予想されるか。

解答（1）3 回目の分裂では，2 回目の分裂ででき
た 1 つの中間の重さの DNA からは，中間の
重さの DNA：軽い DNA＝1：1 の割合でできる。
1 つの軽い DNA からは軽い DNA が 2 つでき，

重い DNA や中間の重さの DNA はできないので，
重い：中間：軽い＝0：1：3 となる。
答　重い DNA：中間の重さの DNA：軽い DNA
　＝〔¹　　：　　：　　〕

(2) 4回目の分裂では，3回目の分裂でできた1つの中間の重さの DNA からは中間の重さの DNA：軽い DNA ＝ 1：1，3 つの軽い DNA からは軽い DNA が 6 つでき，やはり重い DNA はできないので，重い：中間：軽い ＝ 0：1：7 となる。

圏　重い DNA：中間の重さの DNA：軽い DNA
＝ 〔² 　　　：　　　：　　　〕

2　遺伝情報の分配

A　DNA の分配と染色体の変化

❶ **DNA の分配は染色体の分配**　細胞分裂で複製された DNA は 2 つの細胞に分配される。この DNA はタンパク質とともに〔¹　　　　　　〕を構成しているので，DNA の分配は複製された〔¹　　　　　　〕の分配といえる。

❷ **細胞周期と染色体の変化**　〔¹　　　　　　〕は次のように変化する。

G₁ 期：〔¹　　　　　　〕は糸状になって核内で伸び広がっている。

S 期　：DNA が半保存的に複製される。

G₂ 期：複製された 2 本の DNA は，〔²　　〕本の〔¹　　　　　　〕を構成し，その〔²　　〕本はくっついた状態となっている。

M 期　：〔¹　　　　　　〕は何重にも折りたたまれて凝縮し，太いひも状になる。分裂期の中期には，〔¹　　　　　　〕が赤道面に並び，後期には 2 本の〔¹　　　　　　〕が両極に分離して，終期には核膜が再現し，それぞれ正確に 2 つの細胞に分配される。

❶くっついた状態の染色体のそれぞれを染色分体ということがある。

複製された染色体

前期

〔³　　　　　〕

〔⁴　　　〕

DNA の複製

間　期　分裂期〔⁵　　　〕

G₁ 期

〔⁶　　　〕

〔⁷　　　〕

染色体の分離

〔⁸　　　〕

糸状にもどる

B 細胞周期と DNA 量の変化

　細胞は，間期の〔⁹　　　　〕(DNA 合成期)に DNA を正確に複製し，複製した DNA を〔¹⁰　　　　〕(分裂期)に 2 つの細胞に均等に分配している。生物は，1 個の受精卵が体細胞分裂をくり返して個体をつくっているので，個体を構成する細胞はすべて〔¹¹　　　　〕DNA をもつ。❷

❷個体をつくる細胞はすべて同じ DNA をもつが，細胞によってはたらく遺伝子が異なる。そのため，いろいろな組織の細胞に分化する。

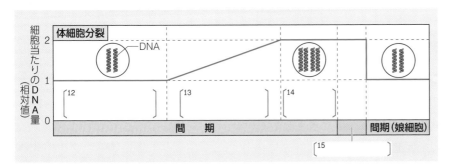

体細胞分裂の観察

　次の手順でタマネギの根の細胞分裂のようすを観察した。

① タマネギの根の先端から 1 cm 程度で切り取り，酢酸アルコールを入れた小形のペトリ皿に入れて 10 ～ 15 分浸す。

② ①の根を水で十分に洗った後，60 ℃に温めた 3 ％塩酸に 1 分間程度浸す。

③ ②の根を水洗した後，スライドガラスにのせ，先端から 3 mm ぐらいのところで切り取る。その上に，酢酸オルセイン液を 1 滴落とす。

④ ③の上にカバーガラスをかけ，ろ紙を置いて，その上から親指の腹で押して，細胞を押し広げる。

⑤ 顕微鏡で観察する。

設問　①の操作を何というか。また，その操作をする理由を答えよ。

操作〔¹　　　　〕

理由〔²　　　　　　　　　　　　　　〕

設問　②の操作を何というか。また，その操作をする理由を答えよ。

操作〔³　　　　〕

理由〔⁴　　　　　　　　　　　　　　〕

設問　③の操作を何というか。また，その操作をする理由を答えよ。

操作〔⁵　　　　〕

理由〔⁶　　　　　　　　　　　　　　〕

設問　④の操作を何というか。また，その操作をする理由を答えよ。

操作〔⁷　　　　〕

理由〔⁸　　　　　　　　　　　　　　〕

7 遺伝情報の発現

1 遺伝情報とタンパク質

A 生体ではたらくタンパク質

生命活動の中心としてはたらく [¹　　　　　　　] の種類は非常に多く，ヒトでは約 10 万種類あり，いろいろなはたらきをしている。

・[²　　　　]：化学反応を促進する。

・コラーゲン❶：皮膚や軟骨などの組織や器官の構造の保持にはたらく。

・[³　　　　　　]❷：酸素の運搬にはたらく。

・[⁴　　　　　　]：特定の組織や器官のはたらきを調節する。

・[⁵　　　　]：免疫に関係する。

❶コラーゲンは，脊椎動物の皮膚，じん帯，腱，軟骨などを構成するタンパク質。

❷ヘモグロビンは赤血球を構成するタンパク質で，酸素の運搬を担う。

B タンパク質とアミノ酸

[¹　　　　　　] は多数の [⁶　　　　　　] が鎖状につながった分子。❸ [¹　　　　　　] を構成する [⁶　　　　　] は [⁷　　] 種類あり，その種類と数・配列順序により [¹　　　　　　　] の性質が決まる。

❸アミノ酸の配列順序は，DNA の遺伝情報によって決定される。

発展 タンパク質の構造

❶ アミノ酸 [⁶　　　　　　] は，右図のように炭素原子 (C) に [⁸　　　　　] 基 (−NH₂)，カルボキシ基 (−COOH)，水素原子 (H)，側鎖 (図中の R_1, R_2) が結合したものである。側鎖の違いによって [⁶　　　　　] の種類と性質が決まる。❹

アミノ酸の基本構造

側鎖 R_1

アミノ基 −NH₂　カルボキシ基 −COOH

❹図の R_1, R_2 で示した側鎖には，水を引きつけるもの (親水性) や，反発するもの (疎水性) など，さまざまなものがある。

❷ ペプチド結合 [⁶　　　　　] どうしは，一方の [⁶　　　　　] のカルボキシ基と，もう一方の [⁶　　　　] の [⁸　　　] 基から水 1 分子が取れる [⁹　　　　　] によりつながる。2 個以上が結合したものを [¹⁰　　　　　] という。

R_1　R_2
アミノ酸1　アミノ酸2

H_2O

R_1　R_2
アミノ酸1　アミノ酸2
ペプチド結合

❺タンパク質のアミノ酸配列をタンパク質の一次構造という。
　タンパク質の立体構造には，部分的な立体構造である二次構造 (α ヘリックス構造，β シート構造)，二次構造がさらに組み合わさってできる三次構造がある。また，複数のポリペプチドが組み合わさって四次構造をつくるものもある。

❸ タンパク質の立体構造 [¹　　　　　] は，多数の [⁶　　　　　] が [⁹　　　　　] でつながった [¹⁰　　　　　] 鎖 (ポリペプチド) からなる。❺

2 タンパク質の合成

A 遺伝情報とタンパク質の関係

　DNA は，みずからがもつ遺伝情報（塩基配列）をもとにして，どのようなタンパク質を合成するのかを決めている。DNA のもつ遺伝情報のうち，タンパク質をつくるための領域を[11　　　　　]という。

DNA の塩基配列

A T G G C C C T G T G G A T G C G C C T C C T G

メチオニン─アラニン─ロイシン─トリプトファン─メチオニン─アルギニン─ロイシン─ロイシン

合成されたタンパク質のアミノ酸配列

　インスリンの[11　　　　　]の一部を示した上図で，DNA の[12　　　]個の塩基配列がアミノ酸[13　　]個に対応しているので，塩基の[14　　]個の並び方が[15　　]個のアミノ酸を決定することがわかる。

B 遺伝情報の流れ

　生物体を構成する細胞で，[11　　　　　]をもとにタンパク質が合成されることを，[11　　　　]が[16　　　　]するという。[11　　　　]が[16　　　　]してタンパク質が合成される過程は，[17　　　]，[18　　　]の2つの過程に分けられる。

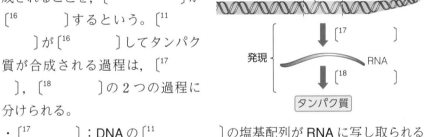

DNA
遺伝子
発現
[17　　　　]
RNA
[18　　　　]
タンパク質

・[17　　　]：DNA の[11　　　　　]の塩基配列が RNA に写し取られる過程。

・[18　　　]：[17　　　]でつくられた RNA の塩基配列が，[19　　　]配列に読みかえられる過程。

C RNA とそのはたらき

　RNA（リボ核酸）は核酸の一種で，4種類のヌクレオチドが多数鎖状に結合した化合物である。RNA を構成するヌクレオチドは DNA とは一部異なり，糖は[20　　　　　]で，塩基は T（チミン）ではなく，[21　　　　]（ウラシル）となっている。

　また，RNA は DNA のように2本鎖ではなく[22　　]本鎖である。また，その長さは著しく[23　　]く，DNA の塩基配列のごく一部が[17　　　]されたものである。

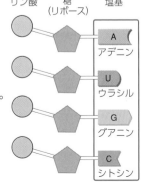

リン酸　糖（リボース）　塩基

A アデニン
U ウラシル
G グアニン
C シトシン

D 転写と翻訳

タンパク質は，次に示す転写と翻訳の過程を経て合成される。

❶ **転写** DNA のうち遺伝子の部分の塩基対をつくっている塩基どうしの結合が切れて〔1　〕本鎖となる。〔1　〕本鎖となった部分で，一方のヌクレオチド鎖（鋳型鎖）の塩基に相補的な塩基をもつ〔2　　　〕のヌクレオチドが塩基部分で結合する。DNAの A（アデニン），T（チミン），G（グアニン），C（シトシン）の塩基には，それぞれ〔2　　〕の U（ウラシル），A，C，G が対応している。

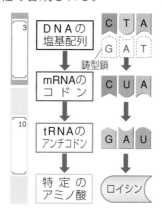

次に，〔2　　　〕の隣りあうヌクレオチドどうしが連結されて，DNAの塩基配列を写し取った〔2　　　〕ができる。この過程を〔3　　　〕という。〔3　　〕された〔2　　〕は〔4　　　〕❶とよばれる。

❷ **翻訳** 〔4　　　〕（伝令 RNA）の連続した 3 個の塩基配列が，1 個のアミノ酸を指定している。この連続する塩基 3 個の配列を〔5　　　〕という。

〔4　　　　〕の塩基配列は，〔2　　〕の一種である〔6　　　〕（転移 RNA）を介してアミノ酸配列に読みかえられる。

〔6　　〕は〔4　　　〕の〔5　　〕に相補的な塩基〔7　〕個の配列をもつ。これを〔8　　　　　〕という。〔6　　〕の末端には，〔8　　　　　　〕に対応した〔9　　　　〕が結合している。〔6　　〕が運んできた〔9　　　〕は，その前に運ばれていた〔9　　　〕とペプチド結合して，〔6　　〕は〔4　　　〕から離れる。これがくり返されてタンパク質が合成される。すなわち，〔4　　　〕の塩基配列が〔9　　　〕配列に置きかわる。この過程を〔10　　　〕という。

❶ mRNA は，転写でできた RNA の中から遺伝子としてはたらかない不要な塩基配列の部分を取り除いたものである。伝令RNA ともよばれる。

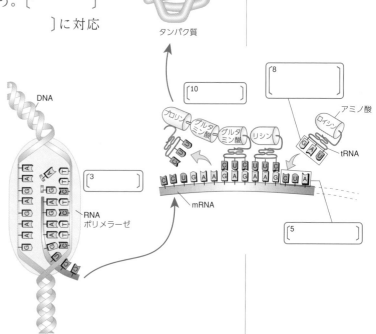

E 遺伝暗号表

[5　　　　　]が指定する[9　　　　　]は次表の[11　　　　　]にまとめられる。64 種類の[5　　　　　]に対して，[9　　　　　]は 20 種類なので，ほとんどの[9　　　　　]が複数の[5　　　　　]により指定されている。また，[5　　　　　]の中には，AUG のように翻訳の開始を指定する[12　　　　　]や，UAA，UAG，UGA のように翻訳の終了を指定する[13　　　　　]もある。

		2番目の塩基				
		U	C	A	G	
1番目の塩基	U	UUU UUC } フェニルアラニン UUA UUG } ロイシン	UCU UCC UCA UCG } セリン	UAU UAC } チロシン UAA UAG } 終止コドン	UGU UGC } システイン UGA 終止コドン UGG トリプトファン	U C A G	3番目の塩基
	C	CUU CUC CUA CUG } ロイシン	CCU CCC CCA CCG } プロリン	CAU CAC } ヒスチジン CAA CAG } グルタミン	CGU CGC CGA CGG } アルギニン	U C A G	
	A	AUU AUC } イソロイシン AUA （開始コドン） AUG メチオニン	ACU ACC ACA ACG } トレオニン	AAU AAC } アスパラギン AAA AAG } リシン	AGU AGC } セリン AGA AGG } アルギニン	U C A G	
	G	GUU GUC GUA GUG } バリン	GCU GCC GCA GCG } アラニン	GAU GAC } アスパラギン酸 GAA GAG } グルタミン酸	GGU GGC GGA GGG } グリシン	U C A G	

例題 ④ 転写と翻訳

遺伝子として発現しているある DNA（鋳型鎖）の塩基配列が TACCCTATGCACGGAATT であった。①これを転写した mRNA の塩基配列と，②①が翻訳されてできるアミノ酸配列を答えよ。

解答 ① DNA の塩基 A，T，G，C は，それぞれ mRNA の塩基 U，A，C，G に転写されるので，DNA の塩基配列
TACCCTATGCACGGAATT を転写した mRNA の塩基配列は，AUGGGAUACGUGCCUUAA となる。
② mRNA の塩基配列
AUGGGAUACGUGCCUUAA は，AUG，GGA，UAC，GUG，CCU，UAA　の 6 個のコドンをもっている。これらのコドンに対応するアミノ酸を遺伝暗号表から読み取る。コドンの 1 番目の文字は表の左側の縦軸，2 番目は表の上側の横軸，3 番目の文字は表の右側の縦軸を読み，その 3 つの軸の重なった場所にあるアミノ酸が

指定されるアミノ酸となる。一番目は，AUG なのでメチオニンを指定し，また開始コドンでもある。同様にして順に遺伝暗号表から読み取ると，メチオニン－グリシン－チロシン－バリン－プロリンとなる。最後のコドン UAA は終止コドンなので，指定するアミノ酸はなく，ここで翻訳が終了する。

答 ① mRNA の塩基配列：

[1　　　　　　　　　　　　　]

② アミノ酸配列：

[2　　　　　　　　　　　　　]

類題 3 DNA（鋳型鎖）の塩基配列 TACCCGTTACGCACT が指定するアミノ酸配列を答えよ。

[1　　　　　　　　　　　　　　　　　　　　　　　　　　　]

5. DNA を構成する塩基

次表はいろいろな生物や組織における DNA を構成する A，T，G，C の塩基の数の割合を調べた結果をまとめたものである。あとの問いに答えよ。

		塩基の数の割合（%）			
		A	C	G	T
ヒト	胸腺	30.9	19.8	19.5	29.4
	肝臓	30.3	19.9	19.5	30.3
ウシ	胸腺	29.0	21.2	21.2	28.5
	肝臓	28.8	21.1	21.0	29.0
バッタ		29.3	20.7	20.5	29.3
ニワトリ肺炎菌		15.6	33.8	36.3	14.3

(1) A，T，G，C で示される塩基の正式な名称をそれぞれ答えよ。
(2) 上表から，同一の生物では，いろいろな組織における A，T，G，C の塩基の数の割合はどのようになっていることがわかるか。
(3) 上表から，異なる生物の細胞間の A，T，G，C の塩基の数の割合はどのようになっていることがわかるか。
(4) これらの実験結果から，塩基どうしにどのようなことがいえるか。
(5) (2)の規則性を何の規則というか。

6. DNA の複製

大腸菌を ^{14}N（軽い窒素）培地で継代培養すると，軽い DNA をもつ大腸菌が，^{15}N（重い窒素）培地で継代培養すると重い DNA をもつ大腸菌ができる。メセルソンとスタールは，重い DNA のみをもつ大腸菌を，^{14}N（軽い窒素）培地に移して分裂させ，その大腸菌がもつ DNA の重さの割合を比較する実験を行った。次の図は，その結果を示したものである。ただし，図中のバンドの太さは，それぞれの DNA の量を考慮したものではない。

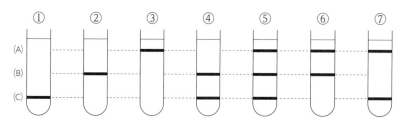

(1) 軽い培地に移して 1 回分裂した後の結果を示したものを，①〜⑦から選べ。
(2) 軽い培地に移して 2 回分裂した後の結果を示したものを，①〜⑦から選べ。
(3) 軽い培地に移して 3 回分裂した後の結果を示したものを，①〜⑦から選べ。
(4) (3)のとき，重い DNA：中間の重さの DNA：軽い DNA の割合はどうなるか。最も簡単な整数比で答えよ。

5.

(1) A：

　　T：

　　G：

　　C：

(2)

(3)

(4)

(5)

6.

(1)

(2)

(3)

(4) 重い DNA：中間の
　　重さの DNA：軽い
　　DNA ＝

7. 細胞周期

右の図は，細胞周期の各時期の染色体を示したものである。ただし，①は複製された染色体が凝集する途中のものを示している。

① ② ③

④ ⑤ ⑥

(1) 間期の状態を示したものを，①～⑥からすべて選べ。

(2) S期に該当するものを，①～⑥からすべて選べ。該当するものがない場合はなしと答えよ。

(3) M期に赤道面に並んだ染色体を示しているものを，①～⑥から1つ選べ。

(4) M期の染色体を①～⑥からすべて選び，分裂が進む順に並べかえよ。

7.

(1)

(2)

(3)

(4)

8. 遺伝情報の解読

次図は，あるペプチド(アミノ酸が結合した物質でタンパク質よりも分子量が小さいもの)を合成する遺伝子付近の DNA の塩基配列を転写した RNA の塩基配列を示したものである。この RNA には，遺伝子としてはたらく部分以外の塩基配列も含まれており，この RNA から遺伝子としてはたらかない塩基配列を除去して mRNA がつくられる。すなわち，最初に存在する開始コドンから終止コドンまでが mRNA となる。ただし，左から右に翻訳されるものとする。

8.

(1)

(2)

(3)

```
A A U C A C U G U C
1 2 3 4 5 6 7 8 9 10

C U U C U G C C A U
11 12 13 14 15 16 17 18 19 20

G G C C U G U G G
21 22 23 24 25 26 27 28 29 30

A U G G C C U C C
31 32 33 34 35 36 37 38 39 40

U G C C C U G C U
41 42 43 44 45 46 47 48 49 50

G G C G C G C U G G
51 52 53 54 55 56 57 58 59 60

G C C U C U G A G
61 62 63 64 65 66 67 68 69 70

G A C U A G U A C G
71 72 73 74 75 76 77 78 79 80
```

		U		C		A		G		
							2番目の塩基			
		U		C		A		G		
1番目の塩基	U	UUU UUC	フェニルアラニン	UCU UCC UCA UCG	セリン	UAU UAC	チロシン	UGU UGC	システイン	U C
		UUA UUG	ロイシン			UAA UAG	終止コドン	UGA 終止コドン		A
								UGG トリプトファン		G
	C	CUU CUC CUA CUG	ロイシン	CCU CCC CCA CCG	プロリン	CAU CAC	ヒスチジン	CGU CGC CGA	アルギニン	U C A
						CAA CAG	グルタミン	CGG		G
	A	AUU AUC	イソロイシン	ACU ACC ACA ACG	トレオニン	AAU AAC	アスパラギン	AGU AGC	セリン	U C
		AUA	(開始コドン)			AAA AAG	リシン	AGA AGG	アルギニン	A G
		AUG	メチオニン							
	G	GUU GUC GUA GUG	バリン	GCU GCC GCA GCG	アラニン	GAU GAC	アスパラギン酸	GGU GGC GGA GGG	グリシン	U C A G
						GAA GAG	グルタミン酸			

（3番目の塩基）

(1) 合成されるペプチドの2番目のアミノ酸は何か。

(2) 合成されるペプチドの7番目のアミノ酸は何か。

(3) このペプチドは合計何個のアミノ酸からなるか。

章末演習問題

18 （**遺伝子とDNA**） ヒトを含む多くの生物は，生殖によって子をつくる。(a)生物の形質は，親から子へと伝えられる。親と子では，基本的なからだの構造や性質はほぼ同じである。多くの生物では，次の世代を残すとき，卵や精子などの生殖細胞がつくられ，それらが合体して新しい個体ができる。卵や精子には，その(b)生物が個体として生命活動を営むために必要な，親から受け継いだすべての情報が含まれており，卵と精子が受精して生じる受精卵は両親からその情報を受け継いでいる。また，その情報は体細胞分裂によって細胞から細胞へ引き継がれ，生殖細胞によって次の世代へと伝えられる。

(1) 下線部(a)について，親の形質が子に伝わることを何というか。

(2) 下線部(a)について，親の形質を子に伝えるものを何というか。

(3) (2)の本体は何という化学物質か。

(4) 下線部(b)について，親から子へ受け継がれる情報を何というか。

19 （**DNAの構造**） 図は，DNAの構造の一部を模式的に示したものである。

(1) 図中の(a)で示したDNAの構成単位を何というか。

(2) 図中の(b), (c), (d)の名称をそれぞれ答えよ。ただし，(b)はリンを含んでいる。

(3) (d)には，A, T, G, Cの略号で示される4種類がある。その4種類の正式な名称を答えよ。

(4) (3)の中で，相補的な塩基対をつくる組み合わせを答えよ。

(5) DNAは(1)が多数結合した鎖2本からできている。(1)が多数結合した鎖を何というか。

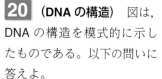

20 （**DNAの構造**） 図は，DNAの構造を模式的に示したものである。以下の問いに答えよ。

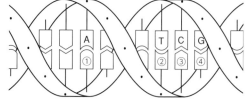

(1) 図のように，全体がねじれてらせん状になっているDNAの構造を何というか。

(2) このようなDNAの構造を明らかにした人物は誰と誰か。

(3) 図中の①～④にあてはまる塩基を，それぞれA, T, G, Cの記号で示せ。

(4) DNAのヌクレオチド鎖をつくる4種類のDNAの塩基の並び順を何というか。

(5) このDNAの塩基の割合を調べたところ，2本の鎖の全塩基のうち，Aが30%であった。このとき，T, G, Cの塩基の割合はそれぞれ何%か。

18

(1)

(2)

(3)

(4)

19

(1)

(2) (b)

(c)

(d)

(3) A …

T …

G …

C …

(4)

(5)

20

(1)

(2)

(3) ①

②

③

④

(4)

(5) T …

G …

C …

21 (肺炎球菌の実験) 次の実験に関するあとの問いに答えよ。

(A) 肺炎球菌のS型菌(病原性)とR型菌(非病原性)を別々にネズミに注射すると，S型菌を注射した場合にのみネズミは発病した。加熱殺菌したS型菌を注射した場合には発病しなかった。しかし，R型菌と加熱殺菌したS型菌を混合してしばらくしてからネズミに注射するとネズミは発病し，ネズミの体内からは生きたS型菌が現れた。

(B) S型菌の抽出物に，タンパク質分解酵素，DNA分解酵素をそれぞれ別々に混ぜて，これをR型菌と混合すると，タンパク質分解酵素を入れた実験区ではS型菌が現れたが，DNA分解酵素を入れた実験区ではS型菌が現れなかった。

(1) (A)，(B)の実験を行ったのは誰か。それぞれ答えよ。

(2) 下線部について，なぜネズミは発病したか。

(3) 実験(A)，(B)の結果から，下線部のような現象は，R型菌にS型菌の何が取りこまれることによって生じたと考えられるか。

22 (ハーシーとチェイスの実験) 次の実験に関するあとの問いに答えよ。

ハーシーとチェイスは，(a)大腸菌に感染して増殖するウイルスの一種を使って次の実験を行った。このウイルスは，大腸菌に感染すると大腸菌内で増殖し，多数の子ウイルスが大腸菌を崩壊させて出てくる。

このウイルスは，(b)タンパク質の殻とその中に含まれるDNAのみからなる。そこで，タンパク質の部分を放射性元素a，DNAの部分を放射性元素bで目印をつけたウイルスをつくり，大腸菌に感染させた。ウイルスが大腸菌に感染した直後に，かくはんしてウイルスを大腸菌から振り落とし，それを遠心分離して大腸菌を沈殿させた。すると，(c)沈殿物の中からは放射性元素bが検出され，(d)上澄み液部分からは放射性元素aが検出された。

(1) 下線部(a)のウイルスを何というか。

(2) 下線部(b)から，ハーシーとチェイスが遺伝子の本体を明らかにするために(1)のウイルスを使った理由を説明せよ。

(3) 下線部(c)からどのようなことがいえるか。

(4) 下線部(d)からどのようなことがいえるか。

(5) この実験から，遺伝子の本体が何であることが明らかになったか。

23 (細胞周期) 次の文章を読み，あとの問いに答えよ。

体細胞分裂をくり返す細胞において，DNAが複製される過程と，DNAが均等に娘細胞に分配される過程が周期的にくり返される。この周期を，(①)という。(a)DNAが複製される過程は3つの時期に分けられる。これらの時期をまとめて(②)という。DNAが分配される過程を(③)といい，(b)ふつう4つの時期に分けられる。

(1) 文中の空欄に適当な語句を記入せよ。

(2) 文中の下線部(a)の3つの時期をそれぞれ略称で答えよ。

(3) 文中の下線部(b)の4つの時期をそれぞれ答えよ。

21
(1) (A)

 (B)

(2)

(3)

22
(1)

(2)

(3)

(4)

(5)

23
(1) ①

 ②

 ③

(2)

(3)

24 **（DNA の複製）**　体細胞分裂に先立って，DNA は間期の（　①　）期に複製される。DNA が複製されるときには，DNA を構成する 2 本のヌクレオチド鎖が 1 本ずつに分かれる。それぞれが（　②　）型鎖となって，（　②　）型鎖の塩基に相補的な塩基（A（アデニン）に対しては（　③　），T（チミン）に対しては（　④　），G（グアニン）に対しては（　⑤　），C（シトシン）に対しては（　⑥　））をもつヌクレオチドが結合する。このヌクレオチドが，できつつあるヌクレオチド鎖と次々と結合する。このようにして，（　②　）型鎖と相補的な新しくできるヌクレオチド鎖（新生鎖）が新たにつくられ，もとと全く同じ塩基配列をもつ DNA が 2 つできる。

(1) 文章中の空欄に適当な語句を記入せよ。

(2) 文中で説明されるような DNA の複製様式を何というか。

(3) DNA の(②)型鎖となるヌクレオチド鎖の塩基配列が ATTGCATAC の場合，新生鎖のヌクレオチド鎖の塩基配列を，左から順に答えよ。

25 **（DNA の複製）**　右図は，複製前の DNA の塩基配列を示したものである。図中の①および②のヌクレオチド鎖を鋳型とした新生鎖の塩基配列をそれぞれ答えよ。

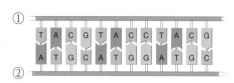

26 **（遺伝情報の分配）**　図は，ある植物細胞の細胞周期における細胞 1 個当たりの DNA 量の変化を示したものである。また，①〜⑤の文章は，この植物細胞の細胞周期の過程を説明したものである。以下の問いに答えよ。

① 各染色体は縦裂面で分かれて両極に移動する。

② DNA の複製が行われる。

③ 糸状の染色体が，太く短いひも状の染色体になる。

④ 各染色体は赤道面に並ぶ。

⑤ 両極に移動した染色体が，細いひも状の染色体にもどる。

(1) ①〜⑤の文章は，図の(a)〜(e)のどの時期に相当するか。

(2) 細胞周期の間期は，図の(ア)〜(ウ)のように 3 つに分けられる。その 3 つをそれぞれ答えよ。

(3) DNA の複製が行われるのは間期のどの時期か。(ア)〜(ウ)の記号で答えよ。

(4) この植物細胞の間期と分裂期の細胞の数を数えたところ，表のようになった。この細胞の細胞周期を 20 時間とすると，間期に要した時間はいくらか。

分裂過程	間期	分裂期			
		前期	中期	後期	終期
細胞数	450	25	8	7	10

24

(1) ①
　　②
　　③
　　④
　　⑤
　　⑥
(2)
(3)

25

①
②

26

(1) ①
　　②
　　③
　　④
　　⑤
(2) (ア)
　　(イ)
　　(ウ)
(3)
(4)

27 **(RNAの構造と種類)** 図は，RNA の構成単位を模式的に示したものである。以下の問いに答えよ。

(1) 図中の(a), (b), (c)の名称をそれぞれ答えよ。ただし，(a)はリンを含んでいる。

(2) DNA・RNA を構成する(c)は 5 種類ある。このうち，① RNA にはなく，DNA だけにあるもの，② RNA だけにあるものをそれぞれ答えよ。

(3) DNA は 2 本鎖であるが，RNA は何本鎖か。

28 **(真核細胞のタンパク質の合成)** 次の①〜④の文章は，真核細胞のタンパク質合成の順序を示したものである。以下の問いに答えよ。

① DNA の二重らせん構造の一部がほどけて，ほどけた DNA の片方の鎖の塩基に RNA のヌクレオチドの塩基が結合する。

② RNA のヌクレオチドどうしが結合して，1 本鎖の（　ア　）ができる。

③ （　ア　）の連続した塩基 3 個の配列に対応した（　イ　）が順につながる。

④ 隣り合う（　イ　）どうしが結合して，DNA の遺伝情報にしたがったタンパク質が合成される。

(1) 文章中の空欄に適する語をそれぞれ答えよ。

(2) 遺伝情報の発現の過程は次の(A), (B)の 2 段階に分けることができる。(A), (B)をそれぞれ何というか。
　　(A) ①，②の過程　　(B) ③，④の過程

(3) ある DNA の一方の鎖を H 鎖，もう一方の鎖を H' 鎖とする。H 鎖の塩基配列が，ATGCTA　であったとき，H' 鎖の DNA の塩基配列を求めよ。

(4) (3)の H' 鎖の DNA の塩基配列を写し取った RNA の塩基配列を答えよ。

(5) ②の過程で合成された RNA からつくられるタンパク質はアミノ酸 100 個からなっていた。これを指定した(ア)の塩基配列は何個か。

29 **(遺伝暗号の解読)**

右図は真核細胞で遺伝情報が発現するしくみを示したものである。ただし，遺伝情報は矢印（→）の方向に<u>RNA に写し取られ</u>，▲から▲までが遺伝子としてはたらく領域である。

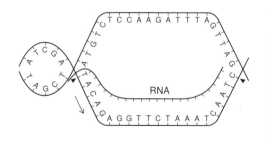

(1) 文中の下線部の現象を何というか。

(2) mRNA の塩基配列を答えよ。

(3) p.45 の思考力問題⑧に記載されている遺伝暗号表を使って，(2)の mRNA の塩基配列をもとに合成されるアミノ酸の配列を答えよ。

(4) mRNA の塩基配列がアミノ酸の配列に読みかえられる過程を何というか。

27
(1) (a)
　　(b)
　　(c)
(2) ①
　　②
(3)

28
(1) (ア)
　　(イ)
(2) (A)
　　(B)
(3)
(4)
(5)

29
(1)
(2)

(3)

(4)

8 体内での情報伝達と調節

学習の目標

① 体内での情報伝達が，からだの状態の調節に関係していることを理解する。
② 自律神経系と内分泌系による情報伝達が，からだの状態の調節を行っていることを理解する。

1 体内での情報伝達

A からだの状態の変化と情報伝達

動物は，外界からの刺激を〔¹　　　　〕器官（受容器）で受け取り，その情報を〔¹　　　　〕神経を介して〔²　　　　〕❶に伝え，〔²　　　　〕からの命令を〔³　　　　〕神経を介して運動器官（効果器）に伝えることで反応する。

❶情報を処理する中枢は，脳と脊髄である。高度な情報処理は脳で行う。

B 体内での情報伝達

からだの内部の状態の変化に関する情報を〔⁴　　　　　〕や〔⁵　　　　　〕によって，各部に伝えることでからだの状態が調節されている。

❷標的器官といい，特定のホルモンに対する受容体をもっている。

C 情報を伝達するしくみ

神経系の1つである〔⁶　　　　〕神経系は，からだの各器官に直接つながって信号を送ることで情報を伝え，内分泌系では，内分泌腺でつくった〔⁷　　　　　　〕を血液中に分泌し，血液によって〔⁷　　　　　　　　〕を運ぶことで，特定の器官❷に情報を伝えている。

① 体内の状態の変化
運動により血液中の酸素濃度が減少し，二酸化炭素濃度が増加

→ 感知 → 脳の〔⁸　　　　　〕

〔⁹　　　　〕神経系

② 情報の伝達

④ からだの状態の調節
血液循環が活発になり，酸素が全身の細胞に速やかに届けられる

→ 調節 →

心臓
拍動が速くなる

③ からだの状態の変化

2 神経系による情報の伝達と調節

❸ニューロン（神経細胞）は，神経細胞体と軸索（長い突起）からなる。

A 神経系とは

動物の神経系は〔¹⁰　　　　〕❸（神経細胞）が多数集まったもので，その興奮により情報を伝える。

ヒトの神経系は，脳と脊髄からなる〔¹¹　　　〕神経系と〔¹²　　　　〕神経系に分けられる。からだの状態の調節は，〔¹²　　　　　〕神経系のうち〔¹³　　　〕神経系が行う。〔¹³　　　〕神経系は〔¹⁴　　　〕神経と副交感神経からなる。

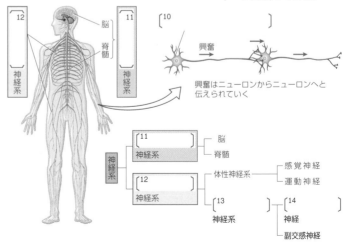

脳
脊髄

〔¹²　　〕神経系

〔¹¹　　〕神経系

〔¹⁰　　　　　　　　　〕

興奮

興奮はニューロンからニューロンへと伝えられていく

神経系 ─┬─ 〔¹¹ 神経系〕─┬─ 脳
　　　　 │　　　　　　　　 └─ 脊髄
　　　　 └─ 〔¹² 神経系〕─┬─ 体性神経系 ─┬─ 感覚神経
　　　　　　　　　　　　　　 │　　　　　　　 └─ 運動神経
　　　　　　　　　　　　　　 └─ 〔¹³ 神経系〕─┬─ 〔¹⁴ 神経〕
　　　　　　　　　　　　　　　　　　　　　　　 └─ 副交感神経

[11　　　　]神経系の脳は，大脳・間脳・中脳・小脳・延髄などに分けられる。

・[15　　　　]：視覚・聴覚などの感覚，意識による運動，言語・記憶・思考などの高度な精神活動の中枢。

・[16　　　　]：視床と[17　　　　　　]からなり，[17　　　　　　]は[13　　　　]神経系と内分泌系の中枢で，血液の状態，体温などの中枢がある。

・[18　　　　]：姿勢保持や眼球運動・瞳孔反射などの中枢。

・[19　　　　]：筋肉運動の調節，からだの平衡を保つ中枢。

・[20　　　　]：呼吸や血液循環など生命活動の中枢。

（脳の右半分を示した図）

[15　　　　]
[18　　　　]
[19　　　　]
[16　　　　]
[20　　　　]
視床
[17　　　　]

B 自律神経系による調節

❶ 自律神経系 [13　　　　]神経系は，内臓や心筋・血管などに直接つながり，それらのはたらきを意志とは無関係に調節している。[13　　　　]神経系は[14　　　　]❹神経と[21　　　　　]神経の２種類の神経からなる。多くの内臓などの器官には[14　　　　]神経と[21　　　　　]神経の両方が分布し，両神経のはたらきは[22　　　　]的（対抗的）である。

　[14　　　　]神経は，活発な状態や[23　　　　]した状態のときにはたらく。脊髄からつながっている。

　[21　　　　　]神経は，休息時や[24　　　　　　　]している状態のときにはたらく。[18　　　　]・[20　　　　]・脊髄の下部からつながっている。

　[14　　　　]神経と[21　　　　　]神経のはたらきをまとめると，次表のようになる。

❹交感神経の末端からはノルアドレナリン，副交感神経の末端からはアセチルコリンという神経伝達物質が放出される。

対象	交感神経	副交感神経
ひとみ	拡大	[25　　]
心臓拍動	促進	[26　　]
血圧	上げる	下げる
気管支	拡張	収縮
胃腸ぜん動	抑制	[27　　]
排尿	抑制	[28　　]
立毛筋	収縮	－

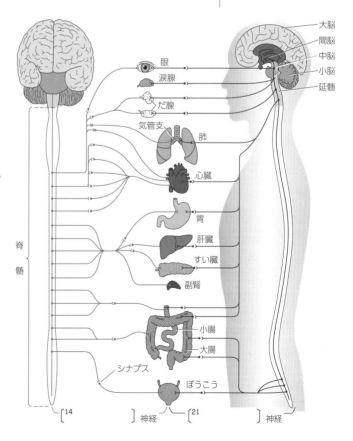

大脳
間脳
中脳
小脳
延髄
眼
涙腺
だ腺
気管支
肺
心臓
胃
肝臓
すい臓
副腎
小腸
大腸
ぼうこう
脊髄
シナプス
[14　　]　　　神経　　[21　　]　　　神経

❷ 心臓の拍動の調節　激しい運動で，筋肉などの組織で酸素の消費量が多くなり，血液中の二酸化炭素濃度が〔1　　　　　〕すると，その情報を延髄（の拍動中枢）が感知し，〔2　　　　　〕神経を経て，呼吸運動が促進されるとともに，心臓の右心房にある〔3　　　　　　　　〕にも伝えられる。

　すると，心臓の拍動が〔4　　　　〕され，血流量が増し，血圧も〔5　　　　〕する。呼吸運動も促進され，組織への酸素供給量が増える。血液中の二酸化炭素濃度が〔6　　　　〕すると，副交感神経が興奮して，逆のしくみがはたらき，呼吸運動が抑制され，心臓の拍動数が減少し，血圧は低下する。

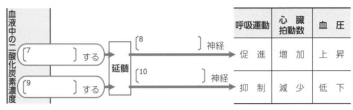

呼吸運動	心臓拍動数	血圧
促　進	増　加	上　昇
抑　制	減　少	低　下

3　内分泌系による情報の伝達と調節

A 内分泌腺とホルモン

　間脳の視床下部は自律神経系と同様に，内分泌系の中枢でもある。内分泌系では〔11　　　　　　　〕によって情報を伝達している。

　〔11　　　　　　❷〕を分泌する器官を〔12　　　　　　〕という。〔12　　　　〕で合成されたホルモンは直接〔13　　　　〕中に分泌される。

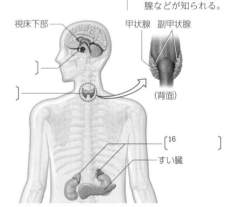

内分泌腺		ホルモン	おもなはたらき
視床下部		〔17　　　　　　　〕	ホルモン分泌の促進と抑制
		放出抑制ホルモン	
脳下垂体	前葉	〔18　　　　　　　〕	タンパク質合成促進・血糖濃度上昇。骨の発育促進
		〔19　　　　　　　　　〕	甲状腺からのホルモンの合成・分泌促進
		副腎皮質刺激ホルモン	副腎皮質からのホルモンの合成・分泌促進
	後葉	〔20　　　　　　　〕	血圧を上げる，腎臓での水分の再吸収を促進
甲状腺		〔21　　　　　　〕	生体内の化学反応を促進，成長と分化を促進
副甲状腺		パラトルモン	血液中のカルシウムイオン濃度を上げる
副腎	髄質	〔22　　　　　　　〕	血糖濃度を上げる（グリコーゲンの分解を促進）
	皮質	〔23　　　　　　　〕	血糖濃度を上げる（タンパク質からの糖の合成を促進）
		鉱質コルチコイド	腎臓でのナトリウムイオンの再吸収の促進
すい臓のランゲルハンス島		〔24　　　　　〕	血糖濃度を上げる（グリコーゲンの分解を促進）
		〔25　　　　　〕	血糖濃度を下げる（グリコーゲンの合成と，組織でのグルコースの呼吸消費を促進）

B ホルモンの分泌と作用

❶ ホルモンの分泌　内分泌腺で合成されたホルモンは血液中に分泌されて全身を循環し，特定の器官（標的器官）のみに作用する。

　標的器官の〔26　　　　〕細胞には特定のホルモンの〔27　　　　　　　〕があり，ホルモンが〔27　　　　　　　〕と結合することで細胞に作用する。

❷ ホルモンの特徴　㋐ 内分泌腺から血液中に分泌される。

　㋑ ごく微量でも作用する。

　㋒ 特定の細胞（〔26　　　　〕細胞）・器官（標的器官）に作用する。

　㋓ 自律神経系による調節に比べて，ホルモンは作用するのに時間がかかるが，血液中のホルモン濃度が下がるまで，その作用は持続する。

C ホルモンの分泌量の調節

❶ チロキシンの調節　甲状腺から分泌されるチロキシン[❸]の量は次のように調節される。

　㋐ 間脳〔28　　　　　　　〕から甲状腺刺激ホルモン〔29　　　　　〕が分泌され，〔30　　　　　　　〕に作用する。

　㋑ 〔31　　　　　　　　　〕から，〔32　　　　　　　　　　　　　　〕が分泌され，〔33　　　　　　〕を刺激する。

　㋒ 〔33　　　　　〕がチロキシンを分泌する。チロキシンは代謝を促進する。

❷ フィードバック　チロキシン量が過剰になると，〔28　　　　　　　〕と〔30　　　　　　　〕からのホルモンの分泌を〔34　　　　〕して，チロキシンの分泌を〔34　　　　〕する。このように最終産物や最終的なはたらきの効果が前の段階にもどって作用を及ぼすことを〔35　　　　　　〕という。チロキシンの分泌のように，最終的なはたらきの効果が逆になるように前の段階にはたらきかける場合を，特に〔36　　　　　　　　　〕という。

❸ チロキシンはヨウ素を含むホルモンで，細胞や組織での代謝を促進する。また，成長ホルモンなどとともにからだの成長も促進する。
バセドウ病患者では，チロキシン量が過剰となっている。

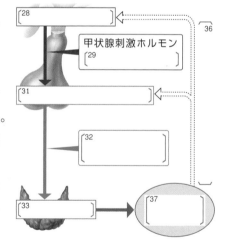

〔28　　　　　　　　　　〕

甲状腺刺激ホルモン
〔29　　　　　　〕

〔36　　〕

〔31　　　　　　　　　　〕

〔32　　　　　　　　〕

〔33　　　　　　〕　→　〔37　　　　〕

参考　視床下部と脳下垂体

　間脳の視床下部では，神経分泌細胞からホルモンが分泌される。脳下垂体後葉では，視床下部の神経分泌細胞の末端が後葉まで伸びて，後葉内の毛細血管にホルモンが直接分泌される。視床下部と脳下垂体はホルモンの分泌調節に中心的なはたらきをする。

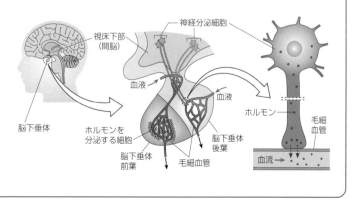

神経分泌細胞
視床下部（間脳）
血液
血液
ホルモン
毛細血管
血流→
脳下垂体
脳下垂体前葉
ホルモンを分泌する細胞
脳下垂体後葉
毛細血管

9 体内環境の維持のしくみ

学習の目標
① 自律神経系とホルモンのはたらきによって，体内環境が維持されていることを理解する。
② 血糖濃度の調節のしくみと糖尿病について理解する。

1 体内環境の維持

A 体内環境とは

皮膚などの一部の細胞を除くと，体内の細胞は[¹　　　]に浸された状態になっている。そのため[¹　　　]によってつくられる環境を[²　　　]という。ヒトの[¹　　　]は，[³　　　]・[⁴　　　]・[⁵　　　]の液体成分からなる。

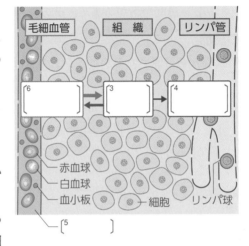

毛細血管　組　織　リンパ管

[⁶　　　]　[³　　　]　[⁴　　　]

赤血球
白血球
血小板　　細胞　　リンパ球
[⁵　　　]

❶ **組織液**　血液の液体成分である[⁶　　　]❶が，毛細血管から浸み出し，組織を取り巻いたもの。大部分は毛細血管にもどって[⁶　　　]となるが，一部はリンパ管に入って[⁷　　　]となる。

❷ **リンパ液**　リンパ管の中の液体。白血球の一種のリンパ球❷が含まれている。

❸ **血液**　血管中を流れる体液で，有形成分の血球と液体成分の[⁶　　　]からなる。血球には赤血球❸・白血球❹・血小板❺がある。

B 体内環境と恒常性

動物では生命活動を維持するため，体内環境である体液の状態を一定の範囲に保っている。体内環境が一定の範囲に維持されている状態を[⁸　　　]（ホメオスタシス）という。[⁸　　　]を保つため，次のような器官系が協調してはたらいている。

・[⁹　　　]：O_2 を取りこみ，CO_2 を排出する。
・[¹⁰　　　]：体液を循環させる。
・[¹¹　　　]：老廃物を体外に排出する。
・[¹²　　　]：体内に栄養分を取りこむ。
・[¹³　　　]：体外からの侵入物を排除する。
・自律神経系と内分泌系：体内状況の感知と，状況に応じた調節。

❶血しょうは，水にタンパク質・無機塩類・糖などが溶けたものである（→ p.59）。

❷免疫に関係する。T細胞・B細胞などがある（→ p.60）。

❸ヒトの赤血球は，直径 7 〜 8μm の無核の細胞で，ヘモグロビンを含み，酸素の運搬を担う（→ p.59）。

❹免疫に関係する（→ p.60）。

❺血液凝固に関係する（→ p.59）。

2 血糖濃度の調節のしくみ

A 血糖濃度の調節

❶ グルコースの消化と吸収　多くの動物では生命活動のエネルギー源として〔14　　　　　　　〕を利用している。食物中の〔15　　　　　　　〕は消化管で〔14　　　　　　　〕に分解され，小腸から吸収され，肝門脈を経て肝臓に入る。

❷ 一時貯蔵　肝臓では，〔14　　　　　　　〕を結合させて〔16　　　　　　❻　　　　　　　〕とし，一時的に貯蔵する。〔16　　　　　　　　　　　　〕は必要に応じて再び〔14　　　　　　　〕に分解され，血液によって全身に運ばれて，〔17　　　　〕による ATP の生成に使われる。

❸ 血糖　血液中の〔14　　　　　　　　〕を〔18　　　　〕といい，その濃度を〔19　　　　　　〕（血糖値）という。健康なヒトの〔19　　　　　　　〕は，空腹時には〔20　　　〕%（質量%）前後に保たれている。

❹ インスリン❼　〔21　　　　　　　〕は〔19　　　　　　〕を下げるホルモンで，〔19　　　　　　〕が上昇するとただちに〔21　　　　　　〕濃度も上昇して〔19　　　　　〕を〔22　　　〕げる。

❻グリコーゲンは，グルコースが多数結合した物質である。

❼インスリンは，すい臓のランゲルハンス島のB細胞から分泌されるホルモン。インスリンの分泌量が十分でないと，血糖濃度が低下せず高血糖の状態が続く糖尿病になる（⏎ p.57）。糖尿病では，尿から糖（グルコース）が排出されることもある。

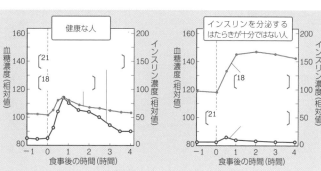

参考 肝臓の構造とはたらき

❶ 肝臓の構造　肝臓は人体最大の臓器で，肝小葉が集まってできている。小腸やひ臓などを通った血液が，肝門脈を経由して肝臓に流れこんでいる。

❷ 肝臓のはたらき

1) **物質の代謝**　〔14　　　　　　　〕の一部は〔16　　　　　　　〕に合成されて肝臓に貯蔵され，〔19　　　　　　　〕の調節に使われる。

2) **熱の発生**　肝臓で発生する熱は，体温の維持に役立っている。

3) **タンパク質の合成**　アルブミンなどのタンパク質を合成する。

4) **解毒作用と尿素の生成**　有害物質を分解・無毒化する。有害なアンモニアは，

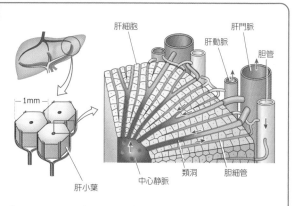

哺乳類では毒性の低い尿素に変えられる。

5) **胆汁の生成**　赤血球のヘモグロビンを破壊したときに出るビリルビンは胆汁の成分となり，胆のうに一時蓄えられたのち排出される。

B 血糖濃度の調節のしくみ

血糖濃度の調節の中枢は間脳の〔¹   〕で，血糖濃度の高低は
ここで感知される。血糖濃度の維持は，自律神経と次のようなホルモンと
の協調によって行われている。

・**血糖濃度を上昇させるホルモン**　グルカゴンと〔²   〕
は，肝臓でグリコーゲンの分解を促進することで，糖質コルチコイドは
タンパク質からの糖の合成を促進することで❶，血糖濃度を上昇させる。ま
た，成長ホルモン❷も血糖濃度上昇にはたらく。

・**血糖濃度を低下させるホルモン**　〔³   〕はグリコーゲンの
合成を促進することで血糖濃度を低下させる唯一のホルモンである。

❶ **血糖濃度が高いとき**　〔¹   〕で高血糖を感知→〔⁴
　　　　〕神経→すい臓のランゲルハンス島の〔⁵   〕細胞→〔³
　　　　〕の分泌→グルコースから〔⁶   〕への合成
および組織でのグルコースの消費❸→血糖濃度の低下
ランゲルハンス島の〔⁵   〕細胞も高血糖を感知し❹，〔³
　　　　〕を分泌する。

❷ **血糖濃度が低いとき**　1）〔¹   〕で低血糖を感知→〔⁷
　　　　〕神経→副腎〔⁸   〕→〔²   〕の分泌→
〔⁶   〕の分解→血糖濃度の上昇

2）すい臓のランゲルハンス島の〔⁹   〕細胞で低血糖を感知→
〔¹⁰   〕の分泌→〔⁶   〕の分解→血
糖濃度の上昇

3）〔¹   〕で低血糖を感知→放出ホルモンの分泌→脳下垂体
前葉→副腎皮質刺激ホルモンの分泌→副腎皮質→〔¹¹   〕コル
チコイドの分泌→組織でのタンパク質分解→血糖濃度の上昇

❶組織中にあるタンパク
質からグルコースを生成
する。おもに飢餓状態の
ときなどにはたらく。

❷成長ホルモンは，脂肪
を分解する作用をもち，
分解された脂肪酸はイン
スリンのはたらきをブ
ロックするので，血糖濃
度が上昇する。

❸呼吸などにより，グル
コースを消費する。

❹すい臓も低血糖や高血
糖を感知することができ
る。

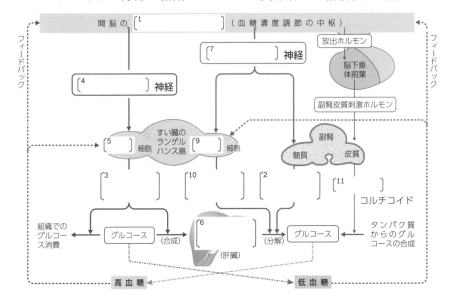

C 糖尿病

血糖濃度が慢性的に高い状態が続くと糖尿病になる。糖尿病では,通常,尿中に排出されないグルコースが排出されることがある。[❺]

Ⅰ型糖尿病は,おもに自己免疫疾患などによりすい臓のランゲルハンス島の[5   ]細胞が破壊されるなどして[3   ]がほとんど分泌されなくなる場合で,[3   ]投与で改善が図られる。

Ⅱ型糖尿病は,Ⅰ型とは別の原因で[3   ]の分泌量が低下[❻]したり,標的細胞が[3   ]を受容できない,あるいは受容しても細胞内にグルコースが取りこめなかったりする場合である。

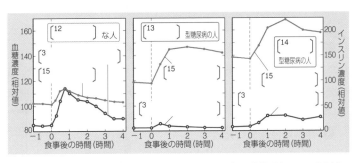

❺糖尿病では,高血糖の状態が長く放置されることによる血管障害などの合併症が問題となる。

❻Ⅱ型糖尿病は,生活習慣病の一つである。

重要実験 6　血糖濃度と血液中のインスリン濃度

図は,健康な人と糖尿病患者の食後の血糖濃度およびインスリン濃度を調べたものである。

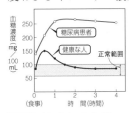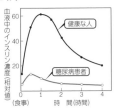

[1
                    ]

[設問] この糖尿病患者にはどのような治療法が考えられるか。

[設問] 健康な人と比べて糖尿病患者の食後の血糖濃度が低下しない理由を,グラフから考察せよ。

[2
                    ]

参考　腎臓の構造とはたらき

ヒトの腎臓は,ネフロンが集合してできている。ネフロンは糸球体とボーマンのうからなる腎小体と,そこから伸びる[16   ]で構成されている。腎動脈を通って腎臓へ流れてきた血液は,糸球体で,血球とタンパク質などを除く大部分の成分が[17   ]されてボーマンのうへ入り,[18   ]となる。[18   ]が[16   ]を流れる間に,[16   ]を取り巻いている毛細血管に水・グルコース・無機塩類などのからだに必要な成分が[19   ]される。からだに不要な尿素などの老廃物は濃縮され,[20   ]となり排出される。

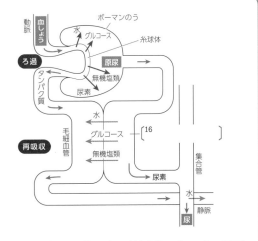

血糖濃度が異常に高い糖尿病の人では,再吸収しきれない量のグルコースが尿中に排出されることがあり,この糖を含んだ尿を糖尿という。

参考 体内環境のさまざまな調節のしくみ

A 体温の調節

哺乳類や鳥類は恒温動物で，右図のような体温調節のしくみが備わっている。

❶ 寒冷刺激を受けたとき

[¹　　　]神経を通じて立毛筋や体表の血管が収縮し，放熱量が減少する。チロキシン・糖質コルチコイド・[²　　　　　]などが分泌され，肝臓での[³　　　]が盛んになり，発熱量が増える。また，心臓の拍動が促進されることで，発熱量が増える。

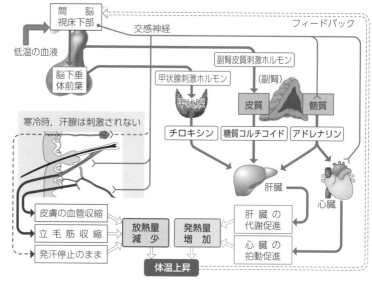

❷ 暑いとき　体温が上昇すると，皮膚の血管が[⁴　　　]して血液からの放熱量が増えるとともに，[⁵　　　]が促進されて皮膚表面からの放熱量が増える。また，肝臓などの代謝を促進するホルモンの分泌が[⁶　　　]され，発熱量が減る。

B 水分量と塩分濃度の調節

体液の塩分濃度は腎臓のはたらきによって一定に保たれている。

❶ 発汗などで塩分濃度が上昇したとき

体液の塩分濃度は間脳の[⁷　　　　]で常時感知されており，塩分濃度が上昇すると，脳下垂体後葉から[⁸　　　]が分泌され，腎臓の集合管での水分の再吸収が[⁹　　　]される。すると尿量は減少し，体液の塩分濃度が低下する。また，[¹　　　]神経が心臓の拍動を高め，水分の減少によって低下した血圧を回復させる。また，のどの渇きを覚え，飲水をうながす。

❷ 体液の塩分濃度が下がったとき　多量の水を飲んだりして，体液の塩分濃度が低下したときは，バソプレシンの分泌は[¹⁰　　　]されて，集合管からの水の再吸収が[¹¹　　　]し，尿量が増加するとともに，体液の塩分濃度が上昇する。

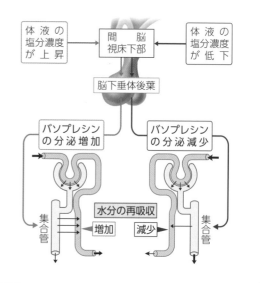

　体内環境を維持するために
は，血液の循環を保つ必要が
ある。そのため，からだには，
出血が起こったとき止血をす
るしくみがある。

　血管が傷つくと，その部分
に〔¹²　　　　　〕が集まり，
〔¹³　　　　　　　❶〕という
タンパク質が集まってできた
繊維が生成され，そこに赤血
球などの血球がからめ取られ
て〔¹⁴　　　　　〕ができる。この一連の過程を〔¹⁵　　　　　　　　〕といい，
その結果，出血が止まる。

　〔¹⁵　　　　　　〕は採血した血液
でもみられる。血液を試験管に入れて
静置すると，やがて上澄み部分である
〔¹⁶　　　〕と，沈殿物である〔¹⁴
　　　　〕に分離する。

　傷が治ると，不要になった〔¹⁴
　　　　〕が溶かされることで，血管は
〔¹⁴　　　　　〕でつまることなく，血液が循環するようになる。〔¹⁴
　　　　〕が除去されることを〔¹⁷　　　　　　　　　〕という。

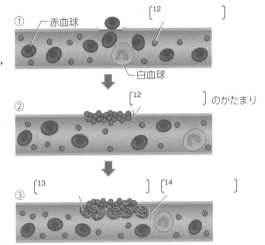

① 赤血球　〔¹²　　　　　　〕　白血球

② 〔¹²　　　　　〕のかたまり

③ 〔¹³　　　　〕 〔¹⁴　　　　　〕

血液 → 静置 → 〔¹⁶　　　　〕 〔¹⁴　　　　〕

❶血しょうに溶けたフィ
ブリノーゲンというタン
パク質が，トロンビン
(酵素)のはたらきで繊維
状のフィブリンとなる。

❷血ぺい状のものが血管
中に生じた場合，これを
血栓という。ふつう，血
栓は線溶で取り除かれる
が，血栓で血管がつまる
と脳梗塞や心筋梗塞を起
こす。

参考 **血液の成分とおもなはたらき**

　脊椎動物の血液は，有形成分である血球と液
体成分に分けられる。血球は，酸素の運搬には
たらく〔¹⁸　　　　　〕，免疫にはたらく〔¹⁹
　　　　　　〕，血液凝固にはたらく〔²⁰　　　　　　〕
の３つに大別される。また，液体成分は〔²¹
　　　　　〕とよばれる。

血液の成分	有形成分			液体成分
	〔¹⁸　　　〕	〔¹⁹　　　〕	〔²⁰　　　〕	〔²¹　　　〕
大きさ (µm)	直径…7～8 厚さ…1.5～2.5	直径…6～20	直径…2～3	は た ら き 　栄養分・老廃物などの 運搬，血液凝固，免疫
数 (/mm³)	男…410万～530万 女…380万～480万	4000～9000	20万～40万	
はたらき	酸素の運搬など	免疫	血液凝固	

10 免疫のはたらき

1 からだを守るしくみ―免疫

A 免疫とは

　細菌やウイルスなどの病原体や有害物質などの異物が体内に侵入するのを防いだり，侵入した異物を排除したりしてからだを守るしくみを〔¹　〕という。

B 免疫の概要

　ヒトの場合は，次の3段階の〔¹　〕のしくみをもっている。

❶ **物理的・化学的防御**　皮膚などが体内に異物が入らないようにする。

❷ **食作用**　白血球などの〔²　〕が，食作用によって異物を排除する。

❸ **適応免疫**❶　異物に応じて〔³　〕的にはたらく，高度な〔¹　〕。

　❶と❷をまとめて〔⁴　〕ということもある。

C 免疫にかかわる細胞や器官

❶ **免疫担当細胞**　〔¹　〕反応にかかわる細胞を免疫担当細胞という。白血球の一種で，次のようなものがある。

　・**リンパ球**：〔⁵　〕・B細胞・NK細胞（ナチュラルキラー細胞）❹

　・**食細胞**：好中球・〔⁶　〕・樹状細胞

❷ **免疫にかかわる器官**　〔¹　〕に関係する器官として，次の器官がある。

・〔⁷　〕：T細胞を分化，成熟させる。

・〔⁸　〕：白血球の増殖と分化，リンパ球の生成を行う。

・リンパ節：多くのリンパ球が集まる。

・リンパ管：リンパ球を含むリンパ液が流れる。

・ひ臓：リンパ球や食細胞による異物の除去を行う。

・皮膚：体表をおおい，異物の侵入を防ぐ。

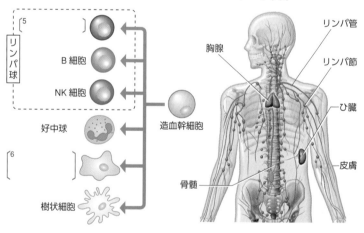

❶適応免疫は獲得免疫ともいう。適応免疫の詳しいしくみは，p.63，64で学習する。

❷物理的・化学的防御は自然免疫に含めない考え方もある。

❸免疫担当細胞は，骨髄の造血幹細胞から分化してくる。

❹NK細胞（ナチュラルキラー細胞）はリンパ球の一種で，がん細胞や感染細胞など異常な細胞を直接攻撃して破壊する。自然免疫を担う細胞の一つである。

2　自然免疫

A　物理的・化学的防御

❶ **物理的防御**　皮膚や粘膜には，異物の体内への侵入を物理的に阻止し，体内環境を守るはたらきがある。皮膚の表面には[9　　　]層があり，病原体などの異物の侵入を防ぐ。

　また，鼻・口・気管などの内壁にある[10　　　]は，表面に粘液を分泌して異物の侵入を防ぐ。

❷ **化学的防御**　皮膚にある皮脂腺や汗腺からの分泌物が皮膚表面を[11　　　]性に保ち，細菌の❺増殖を防ぐ。また，皮膚や[10　　　]の分泌物の中には，細菌の細胞❻壁を分解する酵素である[12　　　　　]が含まれ，病原体の増殖を抑制している。

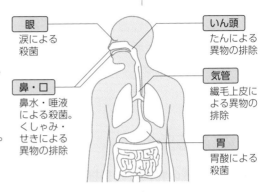

眼
涙による殺菌

いん頭
たんによる異物の排除

鼻・口
鼻水・唾液による殺菌。くしゃみ・せきによる異物の排除

気管
繊毛上皮による異物の排除

胃
胃酸による殺菌

❺皮膚や消化管の内壁には常在菌とよばれる細菌が多数生息しており，常在菌も病原体の増殖を抑制するはたらきをしている。

❻リゾチーム以外にも，病原体の細胞膜を破壊するディフェンシンというタンパク質も分泌されている。

B　食作用

❶ **食作用**　病原体などの異物が物理的・化学的防御をすりぬけてきた場合，白血球の一種である[13　　　]・[14　　　　]・[15　　　　]などが異物を取りこんで分解して排除する。このはたらきを[16　　　]といい，[16　　　]を行う白血球を[17　　　]という。

食作用

食細胞

病原体などの異物

核

異物の取りこみ　　異物を消化分解

❷ **食作用が起こる過程**

体内に病原体などの異物が侵入

↓

[　[13　　　]などが毛細血管をすりぬけて，異物の侵入した組織に移動し，[16　　　]を行う。
[14　　　　]が毛細血管を拡張させ血流を増やす。

[18　　　]

（体外）　異物　　　　　　皮膚
（体内）　　　　　　　樹状細胞

[13]

リンパ節へ移動

毛細血管を拡張させる　　血管から組織へ出る　　血管

[14　　　　]

↓

[　異物が侵入した部位の皮膚が赤く腫れあがる。この反応を[18　　　]という。[18　　　]は[16　　　]を促進し，組織の回復を促す。
[15　　　　]は[16　　　]で取りこんだ異物の情報をリンパ球に提示する。

→[19　　　　]を開始する。

10.　免疫のはたらき ● 61

C 自然免疫における異物の認識

食細胞の食作用による免疫は〔^{1}　　　　〕免疫の一種である。食細胞はどのような異物でも食作用を行うのではなく，細菌やウイルスなどの異物が共通してもつ特徴を認識して食作用を行っている。

〔^{1}　　　　〕免疫を担う細胞は食細胞だけではなく，〔^{2}　　　　　　〕（ナチュラルキラー細胞）というリンパ球も，がん細胞や病原体に感染した細胞を直接攻撃して排除することで〔^{1}　　　　〕免疫を担っている。

❶食細胞は，自身の細胞表面にトル様受容体をもち，この受容体により，食作用を行う特徴をもつ異物かどうかを識別している。

3　適応免疫

A リンパ球の特異性と多様性

❶ **リンパ球の特異性**　適応免疫では，リンパ球のうち〔^{3}　　　　　〕とB細胞がはたらく。これらのリンパ球は1つのリンパ球につき1種類の異物しか認識できない。これをリンパ球の〔^{4}　　　　〕性という。

❷ **リンパ球の多様性**　1つのリンパ球は1種類の異物しか認識できないので，多様な異物に対応するために，多様な種類のリンパ球が全身のリンパ節に用意されている。

❸ **免疫寛容**　多様なリンパ球が用意される過程で，自己を攻撃するリンパ球もつくられる。そこで自己の細胞や成分を攻撃するリンパ球のはたらきを〔^{5}　　　　〕したり死滅させたりして，自己に免疫がはたらかない状態をつくっている。この状態を〔^{6}　　　　　　〕という。

B 抗原の提示

❶ **抗原提示**　食細胞である樹状細胞やマクロファージ，リンパ球の一種の〔^{7}　　　　　〕は，異物を認識すると，その異物を取りこんで分解し，その一部を細胞表面に〔^{8}　　　　　　〕する。

❷ **適応免疫の発動**　〔^{9}　　　　　　〕は〔^{8}　　　　　　〕によって〔^{10}　　　　　　〕を開始する役割をもっている。〔^{9}　　　　　　〕はリンパ節に用意されている多様な〔^{11}　　　　　〕に〔^{8}　　　　　　〕をする。すると，提示された抗原に適合した〔^{11}　　　　　〕だけが活性化して増殖することで〔^{10}　　　　　　〕が発動する。

❷食細胞のトル様受容体は，1種類の異物ではなく，さまざまな異物を認識する。一方，適応免疫において，1つのリンパ球は1種類の異物しか認識できない。

❸リンパ節はリンパ管をつなぐ2〜3mm程度の器官で全身に300〜600配置され，リンパ液に侵入した細菌やウイルス，がん細胞をせき止めて排除する。

❹B細胞やT細胞は骨髄でつくられ，B細胞はそのまま骨髄（bone marrow）で分化するが，T細胞は胸腺（thymus）に移動して分化する。

重要実験 7 　移植細胞の識別

マウスを用いて以下の移植実験を行った。

1. A系統マウスの皮膚をA系統の別のマウスに移植しても，移植片は脱落しない。
2. A系統マウスの皮膚をB系統マウスに移植すると，移植片は脱落する。
3. A系統マウスの皮膚を，胸腺を除去したB系

統マウスに移植すると，移植片は脱落しない。

4. B系統マウスのリンパ節の組織をばらばらにしたものを出生直後のA系統マウスに注射しても拒絶反応が起こらない。このマウスが成長したときにB系統の皮膚を移植すると，移植片は脱落しない。

[設問] 1, 2の実験から何がわかるか。

[¹ 　　　　　　　　　　　　　　　　　　　　]

[設問] 3, 4の実験から何がいえるか。

[² 　　　　　　　　　　　　　　　　　　　　]

C 適応免疫のしくみ

　適応免疫には, B細胞とT細胞(ヘルパーT細胞, キラーT細胞)がはたらく。B細胞もT細胞と同様に多様でそれぞれ特定の異物だけを認識する。

❶ 抗体による免疫

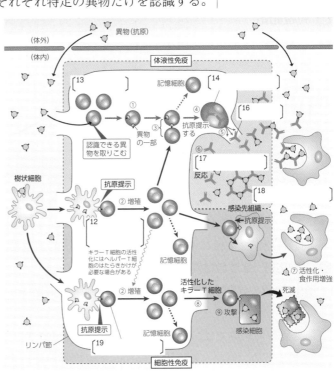

1) B細胞が異物を認識すると, その異物を取りこんで分解し, 断片を細胞表面に提示する(図①)。

2) リンパ節では, 抗原提示している樹状細胞に[¹² 　　　]が接触し, 提示された抗原に適合した[¹² 　　　]だけが活性化して増殖する(図②)。

3) 増殖した[¹² 　　　]は[¹³ 　　　]から抗原提示を受け, さらに自分の型と一致すると, その[¹³ 　　　]を活性化させる(図③)。❺

4) 活性化した[¹³ 　　　]は増殖して[¹⁴ 　　　](抗体産生細胞)に分化する(図④)。

5) [¹⁴ 　　　]は[¹⁵ 　　　]というタンパク質からなる[¹⁶ 　　　]を産生して体液中に放出する(図⑤)。

6) [¹⁶ 　　　]は特定の抗原と特異的に結合する[¹⁷ 　　　]反応を起こし, 抗原を無毒化する(図⑥)。

❷ 食作用の増強

増殖した[¹² 　　　]は感染した組織に移動し, [¹⁸ 　　　]から[⁸ 　　　]を受け, 抗原が自分の型と一致すると, その[¹⁸ 　　　]を活性化する。活性化した[¹⁸ 　　　]はより活発に食作用を行うようになる(図⑦)。

❸ 感染細胞への攻撃

細胞に侵入した病原体は[¹⁹ 　　　]が排除する。リンパ節で樹状細胞の抗原提示を受け活性化した[¹⁹ 　　　]❻は, リンパ節から感染組織に移動する(図⑧)。そして病原体に感染して細胞表面に病原体の断片を提示している感染細胞と, 自分の型が一致すると, 感染細胞を攻撃し死滅させる(図⑨)。

❺, ❻活性化したB細胞や活性化したヘルパーT細胞・キラーT細胞の一部はそれぞれ記憶細胞となって抗原の情報を記憶する。

適応免疫はこのように複雑なしくみである。この中で B 細胞が中心となって起こる，〔¹　　　　　〕による免疫を〔²　　　　　〕免疫という。

　一方，〔³　　　　　　　　　　〕やヘルパー T 細胞が中心となって起こる食作用の増強や感染細胞への攻撃を〔⁴　　　　　〕免疫という。抗原抗体反応で無毒化された異物は最終的に〔⁵　　　　　　　　　　〕の食作用で処理される。

❶適応免疫は，昆虫などはもっていない，脊椎動物に特有の高度な免疫システムである。

D　免疫記憶

❶ 一次応答　1 回目に抗原が侵入したときに起こる反応を〔⁶　　　　　〕という。

1 回目の病原体（抗原）による感染では，潜伏期間の間には適応免疫がほとんどはたらかないため，発病し

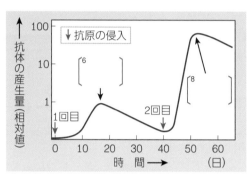

てしまう。抗原の侵入によって活性化したヘルパー T 細胞・〔³　　　　　　　　　〕や B 細胞の一部は〔⁷　　　　　　　　〕となって体内に残り，同じ抗原が 2 度目に侵入したときに備える。これを免疫記憶という。

❷一次応答が起こるまで，ふつう 7 日～ 10 日ほどかかる。

❷ 二次応答　2 度目に同じ病原体が侵入すると，〔⁷　　　　　　　　〕が速やかに増殖・分化するため，すぐに強い免疫反応が起こる。この反応を〔⁸　　　　　　　〕という。

　　2 回目の感染では，潜伏期間内に適応免疫が始まって病原体の排除が始まるため，発病しないか，発病しても症状が軽くすむことが多い。

❸二次応答のしくみを利用して医療に応用されているのがワクチン接種である。

発展▶ **抗体の構造**

〔¹　　　　　〕は〔⁹　　　　　　　　　〕というタンパク質でできている。〔⁹　　　　　　　　　〕には，〔¹⁰　　　　　〕部とよばれる部位があり，この部

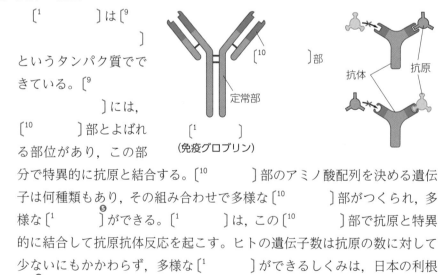

分で特異的に抗原と結合する。〔¹⁰　　　　　〕部のアミノ酸配列を決める遺伝子は何種類もあり，その組み合わせで多様な〔¹⁰　　　　　〕部がつくられ，多様な〔¹　　　　　〕ができる。〔¹　　　　　〕は，この〔¹⁰　　　　　〕部で抗原と特異的に結合して抗原抗体反応を起こす。ヒトの遺伝子数は抗原の数に対して少ないにもかかわらず，多様な〔¹　　　　　〕ができるしくみは，日本の利根川進によって明らかにされた。

❹インフルエンザウイルスは構造が変化しやすいため，免疫の効果が発揮しにくく，過去に感染歴があったり，予防注射したりしていても，再び感染することがある。

❺B 細胞の表面にある異物を認識する受容体も，抗体と同じ免疫グロブリンでできている。B 細胞が形質細胞に分化すると，自分がもつ受容体と同じ免疫グロブリンを多量につくり出し，抗体として体液中に放出する。

❻利根川進は，1987 年ノーベル生理学・医学賞を受賞した。

4 免疫と病気

A 病気になるとは

　初めて侵入した異物に対して適応免疫が発動されるまでには1週間程度を要するが，その間にウイルスなどが細胞の機能を低下させたり，細菌による毒素などで全身症状を起こしたりすると病気を発症する。

　また，免疫反応が過敏になったり（アレルギー[7]など），免疫が自分の組織や細胞を攻撃したりすることで起こる病気（自己免疫疾患[8]など）もある。

B 免疫のはたらきの低下による病気

❶ 日和見感染　疲労やストレス，加齢などで免疫機能が低下すると，健康な人では通常発症しない病原性の低い病原体に感染して発病することがある。これを〔11　　　　　　〕という。

　例　カンジダ菌[9]（皮膚に常在する真菌類のカビ）による内臓機能の低下

❷ エイズ（AIDS：後天性免疫不全症候群）　エイズは〔12　　　　〕（ヒト免疫不全ウイルス）による感染症である。〔12　　　　〕はおもに適応免疫の中心である〔13　　　　　　　　〕に感染・破壊し[10]，免疫機能を極端に低下させるため，〔11　　　　　　　　〕が起こりやすくなる。

C 免疫の異常反応

❶ アレルギー　特定の食物（エビやカニ，小麦など）や外界からの異物（花粉・ダニなど）に対して免疫反応が過敏になり，生体に不利益をもたらす場合を〔14　　　　　　〕といい，〔14　　　　　　〕を引き起こす物質を〔15　　　　　　〕という。〔14　　　　　　〕は，血圧低下など生命にかかわる〔16　　　　　　　　　　〕という重篤な症状を起こすこともある。

❷ 自己免疫疾患　免疫反応が自己の正常な細胞や組織に対して反応し攻撃する場合を〔17　　　　　　〕という。これは体内に侵入した異物が，自己の細胞成分に似ていることが原因で起こることが多い。

　例　Ⅰ型糖尿病[11]（すい臓のランゲルハンス島のB細胞が標的となる）

D 医療への応用

❶ 予防接種　弱毒化した病原体やその産物，病原体の遺伝子（コロナウイルスの場合はそのRNA）を接種し，人工的に免疫記憶を獲得させる方法を〔18　　　　　〕といい，そのとき接種するものを〔19　　　　　〕という。

❷ 血清療法　予め他の動物に特定のヘビ毒などを定期的に少量投与して，動物にその毒に対する抗体をつくらせておき，その毒ヘビにかまれた人に抗体を含む血清を注射して治療する方法を〔20　　　　　　〕という。

❸ 免疫療法　リンパ球ががん細胞を攻撃する免疫のはたらきを人為的に高めることによりがんを治療する方法を〔21　　　　　　〕[12]という。

[7] アレルギーには，エビ・カニ・小麦粉・ソバなど特定の食物に対する食物アレルギーや，花粉・ハウスダストなどへのアレルギーがある。花粉に対するアレルギーを花粉症という。

[8] 関節リウマチ（関節をつくる軟骨細胞などが標的となって攻撃・破壊され，関節炎を起こしたり関節が変形したりする）やⅠ型糖尿病などがその例である。

[9] カンジダ菌は，酵母のなかまの真菌類に属し，口・消化管・膣などに存在する病原性の低い菌で，ふつう，免疫反応を引き起こすことはない。

[10] HIVは感染者の血液や精液などに存在し，性交渉や注射器の使いまわし，母子感染などによって感染する。現在ではHIVの治療薬の開発が進んできた。

[11] ランゲルハンス島のB細胞が破壊され，血糖濃度を低下させるホルモンであるインスリンが分泌されなくなるために起こる糖尿病。

[12] 本庶佑らは，がんの免疫療法を開発して，2018年にノーベル生理学・医学賞を受賞した。

思考力問題

9. 血糖濃度の調節

次図は，健康な人，糖尿病患者 A および糖尿病患者 B における，食事前後の血糖濃度と血中インスリン濃度の時間変化を示している。図から導かれる記述として適当なものを，下の①〜⑥のうちから 2 つ選べ。

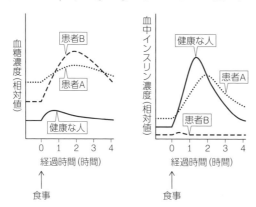

① 健康な人では，食事から 2 時間の時点で，血中インスリン濃度は食事前に比べて高く，血糖濃度は食事前に近づく。

② 健康な人では，血糖濃度が上昇すると血中インスリン濃度は低くなる。

③ 糖尿病患者 A における食事後の血中インスリン濃度は，健康な人の食事後の血中インスリン濃度と比べて急激に上昇する。

④ 糖尿病患者 A は，血糖濃度ならびに血中インスリン濃度の推移から判断して，Ⅱ型糖尿病と考えられる。

⑤ 糖尿病患者 B は，食事から 2 時間の時点での血糖濃度は高いが，食事から 4 時間の時点では低下し，健康な人の血糖濃度よりも低くなる。

⑥糖尿病患者 B では，食事後に血糖濃度の上昇がみられないため，インスリンが分泌されないと考えられる。　　　　　　　　　　　　［19 センター追試 改］

10. 免疫と反応

免疫には(a)自然免疫と(b)適応免疫（獲得免疫）とがあり，適応免疫には，細胞性免疫と(c)抗原抗体反応が関与する体液性免疫とがある。

(1) 下線部(a)について，細菌感染の防御における役割を調べるため，次の**実験 1** を行った。**実験 1** の結果から導かれる後の**考察文**中の　**ア**　・　**イ**　に入る語句の組み合わせとして最も適当なものを，下の①〜⑥のうちから 1 つ選べ。

　実験 1　大腸菌を，マウスの腹部の臓器が収容させている空所（以下，腹腔）に注射した。注射前と注射後 4 時間後の腹腔内の白血球数を測定したところ，次図の実験結果が得られた。

9.

10.

(1)

(2)

(3)

考察文 大腸菌の注射により，多数の好中球が ア から周辺の組織を経て腹腔内に移動したと考えられる。好中球は イ とともに，食作用により大腸菌を排除すると推測される。

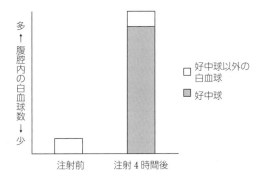

	ア	イ
①	胸　腺	マクロファージ
②	胸　腺	ナチュラルキラー細胞（NK細胞）
③	血　管	マクロファージ
④	血　管	ナチュラルキラー細胞（NK細胞）
⑤	リンパ節	マクロファージ
⑥	リンパ節	ナチュラルキラー細胞（NK細胞）

(2) 下線部(b)に関して，移植された皮膚に対する拒絶反応を調べるため，次の**実験2**を行った。**実験2**の結果から導かれる考察として最も適当なものを，下の①〜⑥のうちから1つ選べ。

　　実験2　マウスXの皮膚を別の系統のマウスYに移植した。マウスYでは，マウスXの皮膚を非自己と識別することによって拒絶反応が起こり，移植された皮膚（移植片）は約10日後に脱落した。その数日後，移植片を拒絶したマウスYにマウスXの皮膚を再び移植すると，移植片は5〜6日後に脱落した。

　① 免疫記憶により，2度目の拒絶反応は強くなった。
　② 免疫記憶により，2度目の拒絶反応は弱くなった。
　③ 免疫不全により，2度目の拒絶反応は強くなった。
　④ 免疫不全により，2度目の拒絶反応は弱くなった。
　⑤ 免疫寛容により，2度目の拒絶反応は強くなった。
　⑥ 免疫寛容により，2度目の拒絶反応は弱くなった。

(3) 下線部(c)に関して，抗体のはたらきを調べるため，次の**実験3**を行った。あとの記述a〜dのうち，**実験3**でマウスが生存できたことについての適当な説明を過不足なく含むものを，下の①〜⓪のうちから1つ選べ。

　　実験3　マウスに致死性の毒素を注射した直後に，毒素を無毒化する抗体を注射したところ，マウスは生存できた。

　a 予防接種の原理がはたらいた。
　b 血清療法の原理がはたらいた。
　c このマウスのT細胞がはたらいた。
　d このマウスのB細胞がはたらいた。

　① a　　　　　② b　　　　　③ c　　　　　④ d
　⑤ a, c　　　　⑥ a, d　　　　⑦ b, c　　　　⑧ b, d
　⑨ a, c, d　　　⓪ b, c, d　　　　　　　　　　［22 共通テスト］

30 （ヒトの神経系） 次の文章を読み，あとの問いに答えよ。

　動物の神経系は（　①　）が多数集まってできている。（　①　）は細胞体と軸索という突起から構成されており，（　①　）の興奮はさまざまな部分にその情報を伝えている。ヒトの神経系は，（　②　）神経系と，そこから延びる（　③　）神経系とに大別できる。さらに（　③　）神経系は感覚神経や運動神経などの（　④　）神経系と，いろいろな内臓器官に分布してそのはたらきを調節する（　⑤　）神経系に分けられる。（　⑤　）神経系には，(a)興奮時にはたらく神経と(b)安静時にはたらく神経がある。

(1) 文章中の空欄に適当な語句を記入せよ。

(2) 文中の下線部(a)，(b)の神経をそれぞれ何というか。

31 （脳の構造とはたらき） ヒトの脳は右図のような構造をしており，各部分によって主な役割を分担している。これについて，次の問いに答えよ。

（脳の右半分を示した図）

(1) 図中のa～eの各部の名称をそれぞれ答えよ。

(2) 次の①～⑤のはたらきをするのは，図中のa～eのどの部分か。それぞれ答えよ。

　① 筋肉運動の調節やからだの平衡を保つ中枢。

　② 自律神経と内分泌の中枢。

　③ 呼吸や血液循環などの生命活動にかかわる中枢。

　④ 視覚や聴覚などの感覚，意識による運動，言語・記憶・思考・意思など高度な精神活動の中枢。

　⑤ 姿勢保持や眼球運動，瞳孔反射などの中枢。

32 （自律神経系のはたらき） 自律神経系に関する次の問いに答えよ。

(1) 自律神経系のはたらきを調節する中枢はどこにあるか。

(2) 次の①～⑧に対する交感神経のはたらきをそれぞれ答えよ。答えは，促進，抑制，収縮，拡張，拡大，上げる，下げる，の用語で答えよ。

　① 立毛筋　　② 心臓の拍動　　③ ひとみ　　④ 気管支

　⑤ 血　圧　　⑥ 排　尿　　⑦ 体表の毛細血管　　⑧ 発　汗

(3) 交感神経系はおもにどの部位から出ているか。次のa～fからすべて選べ。

　a 脊髄　　b 脊髄下部　　c 中脳　　d 延髄　　e 大脳　　f 間脳

(4) 副交感神経系はおもにどの部位から出ているか。(3)のa～fから該当するものをすべて選べ。

(5) 心臓の拍動は交感神経と副交感神経の支配を受けているが，心臓は意識とは関係なく一定のリズムで自動的に拍動するしくみももっている。心臓を自動的に拍動させる信号は心臓のどこから出されているか。

30
(1) ①
②
③
④
⑤
(2) (a)
(b)

31
(1) a
b
c
d
e

(2) ①	②
③	④
⑤	

32
(1)

(2) ①	②
③	④
⑤	
⑥	⑦
⑧	

(3)
(4)
(5)

33 **(心臓と自律神経)** 心臓と自律神経に関する次の文章を読み，あとの問いに答えよ。

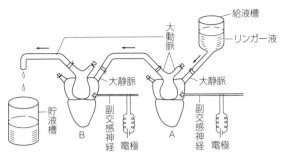

　カエルの心臓を2個，連絡する副交感神経と一緒に摘出し，図のように心臓Aの大動脈を心臓Bの大静脈に連結し，心臓Aの大静脈はリンガー液を入れた給液槽につなぎ，心臓Bの大動脈は貯液槽に導いて，その他の血管は糸で結んで閉じた。このとき，2個の心臓は拍動を続けて，リンガー液をAからBへと送り貯液槽にためた。

(1) 心臓の拍動を調節する副交感神経は，脳のどの部分から出ているか。

発展▶(2) 心臓Aに連絡する副交感神経を刺激すると心臓Aの拍動は遅くなった。このとき，心臓Bの拍動はどのように変わるか。

発展▶(3) 心臓Bに連絡する副交感神経を刺激すると心臓Bの拍動は遅くなった。このとき，心臓Aの拍動はどのように変わるか。

発展▶(4) (2)と(3)の実験を行った結果たまった貯液槽のリンガー液を，正常に拍動している摘出心臓にかけると，その心臓の拍動はどのように変わるか。

34 **(ホルモン)** 文章中の空欄に適当な語句を記入せよ。

　ホルモンは（　①　）で合成されて血液中に分泌され，血液とともに全身を循環し，（　②　）器官にのみ作用する。（　②　）器官には，特定のホルモンだけを受け取る（　③　）をもった（　④　）がある。

35 **(内分泌腺とホルモン)** 図は，ヒトの内分泌腺のいくつかの位置を示したものである。

(1) ①～⑤の内分泌腺の名称を，それぞれ次から選べ。
　　(ア) 甲状腺　　　(イ) 脳下垂体　　　(ウ) すい臓
　　(エ) 副　腎　　　(オ) 副甲状腺

(2) ①～⑤の内分泌腺から分泌されるホルモンを次のA群から，その作用をB群からそれぞれすべて選べ。

　〔A群〕　(ア) インスリン　　　(イ) チロキシン
　　　　　(ウ) 成長ホルモン　　(エ) アドレナリン　　(オ) 甲状腺刺激ホルモン
　　　　　(カ) バソプレシン　　(キ) パラトルモン　　(ク) 糖質コルチコイド

　〔B群〕　(a) 代謝の促進　　　　　　　(b) タンパク質の合成，成長促進
　　　　　(c) 血液中の Ca^{2+} 量の増加　(d) タンパク質から糖の合成促進
　　　　　(e) グリコーゲンの分解促進　(f) グリコーゲンの合成促進
　　　　　(g) チロキシンの分泌促進　　(h) 腎臓での水分の再吸収促進

腎臓

33
(1)
(2)
(3)
(4)

34
①
②
③
④

35
(1) ①
　　②
　　③
　　④
　　⑤

(2)

	A群	B群
①		
②		
③		
④		
⑤		

36 （ホルモンのはたらき） 甲状腺から分泌されるホルモンは代謝を促進するホルモンであるとともに，成長ホルモンとともに，からだの成長や発育も促進する。このホルモンの量が多くても少なくても，特有の病状が出る。そのため，体内には，血液中のこのホルモン量を調節する複雑なしくみがある。

(1) このホルモン分泌を促進する最初の指令はどこから出るか。

(2) (1)のとき，分泌されるホルモンを答えよ。

(3) (2)のホルモンが作用する器官の名称を答えよ。

(4) (3)から分泌されるホルモンの名称を答えよ。

(5) (4)のホルモンが作用する器官の名称を答えよ。

(6) 文章中の下線部のホルモンは(5)から分泌される。このホルモンの名称を答えよ。

(7) (6)のホルモンの分泌量が多くなりすぎたとき，ホルモンの分泌量を抑制するシステムがはたらく。このように，最終的なはたらきの効果が前段階にもどって作用することを何というか。

(8) (7)は，どのようなしくみで(6)のホルモンの量を抑制するか。

37 （ホルモンのはたらき） ネズミの甲状腺を除去し，10日後に調べたところ，除去しなかったネズミに比べて代謝の低下がみられた。また，血液中にチロキシンは検出できなかった。除去手術後5日目から，一定量のチロキシンをある溶媒に溶かして5日間注射したものでは，10日後でも代謝の低下は起こらなかった。この結果から，チロキシンは代謝を高めるようにはたらいている，と推論した。

(1) 上の推論を証明するためには，ほかにも実験群（対照実験群）をいくつか用意して比較観察する必要があった。最も必要と考えられる対照実験群を次の中から1つ選べ。

　① 甲状腺を除去せず，チロキシンを注射しない群。

　② チロキシン注射に加えて，除去手術後5日目に甲状腺を移植する群。

　③ 除去手術後5日目から，この実験に用いた溶媒だけを注射する群。

　④ 異なる種類の溶媒に溶かしたチロキシンを除去手術直後から注射する群。

(2) 甲状腺を除去してから10日後に代謝の低下がみられたネズミの血液中で，最も増加していると推定されるホルモンはどれか。次の中から1つ選べ。

　① 甲状腺刺激ホルモン　　② 成長ホルモン

　③ バソプレシン　　　　　④ アドレナリン

(3) (2)のホルモンが増加する理由を，次の中から1つ選べ。

　① ネズミは興奮状態になり，交感神経の活動が促進されるため。

　② 代謝の低下が水分調節に影響するため。

　③ チロキシンによる負のフィードバック作用がなくなるため。

　④ チロキシンの分泌が10日後に再び高まるため。

(4) (2)のホルモンを分泌する内分泌腺を，次の①～④のうちから1つ選べ。

　① 脳下垂体後葉　　② 脳下垂体前葉

　③ 間脳の視床下部　　④ 副甲状腺

36

(1)

(2)

(3)

(4)

(5)

(6)

(7)

(8)

37

(1)

(2)

(3)

(4)

38 （**血糖濃度の調節**）　図は，ヒトの血糖濃度の調節のしくみを模式的に示したものである。これについて，あとの問いに答えよ。

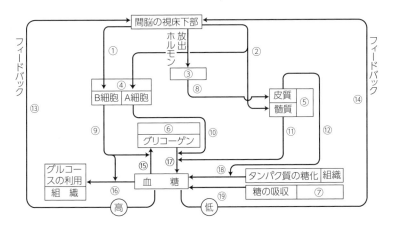

(1) 図の①～⑫に適当な語句を答えよ。ただし，①と②は神経名，③～⑦は器官名，⑧～⑫はそれぞれホルモン名を答えよ。

(2) 糖分の多い食物を食べて血糖濃度が増えたときの反応経路を，図中の神経，器官，ホルモンを含め番号で示せ。ただし，⑦から始めること。

(3) ヒトの血糖は，ふつう，血液 100 mL 当たり約何 mg か。

39 （**血糖濃度と病気**）　次図は，食後の血糖濃度の変化とあるホルモンの量の変化を示したものであり，図 A は健康な人の，図 B と C はある病気の人（2 つのタイプがある）のグラフである。これについて，あとの問いに答えよ。

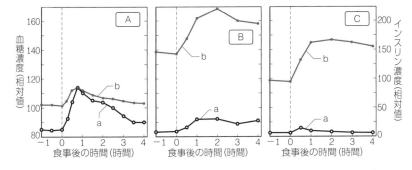

(1) あるホルモンとは何か。また，そのホルモンの量の変化を示したグラフは a，b のいずれか。

(2) 文章中の下線部の病気とは何か。

(3) B，C の人の病気の原因として適当なものを，次の①～③からそれぞれ選べ。

　① すい臓のランゲルハンス島の B 細胞が破壊されたため。

　② 標的細胞の受容体があるホルモンを受容できなくなったり，受容しても細胞内にグルコースが取りこめなくなったりしたため。

　③ 間脳の視床下部の抑制ホルモンの分泌量が減少したため。

(4) 日本人の下線部の病気のタイプで多いのは，B，C のいずれか。

(5) あるホルモンを食前に投与することで治療できるのは B，C のいずれか。

38

(1) ①

　②

　③

　④

　⑤

　⑥

　⑦

　⑧

　⑨

　⑩

　⑪

　⑫

(2) 7 →　　　→　　　→

　　→　　　→　　　→

(3)

39

(1) ホルモン：

　グラフ：

(2)

(3) B：　　　C：

(4)

(5)

40 **(血液の凝固)** ヒトには，血管が傷つき出血すると，血液が固まって止血するしくみがある。健康な人から採血した血液を試験管に入れて室温に放置したところ，上澄みと沈殿に分離した。沈殿の一部を取り光学顕微鏡で観察したところ，図のような像がみられた。次の問いに答えよ。

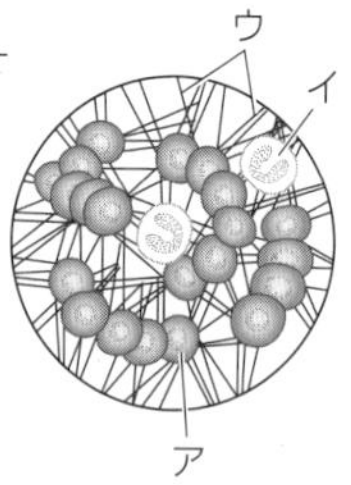

(1) 文章中の下線部のしくみを何というか。

(2) 図中のアとイの細胞，およびウの繊維の名称をそれぞれ答えよ。

(3) 次の①～⑤は，出血が止まって血管が修復されるまでのしくみを説明したものである。正しい順に並べよ。

　① 血ぺいができる。　　　② 血管が細胞分裂で修復される。

　③ 血管が傷ついて出血した部分に，血小板が集まる。

　④ 図中のウの繊維ができる。　　⑤ 線溶が起こって血ぺいが溶かされる。

41 **(免疫)** 次の文章を読み，あとの問いに答えよ。

生物には(a)体内に侵入した異物を排除してからだを守るしくみが備わっている。そのしくみは3段階に分けられる。1つ目は(b)体内に異物が侵入しないように防御するしくみ，2つ目は(c)体内に侵入した異物を細胞内に取り入れて分解して排除するしくみ，3つ目は，1つ目と2つ目のしくみで排除できなかった異物を，(d)異物の種類に応じて特異的に作用して排除するしくみである。

(1) 文章中の下線部(a)のしくみを何というか。

(2) 文章中の下線部(b)，(c)のしくみをそれぞれ次の①～③から選べ。

　① 食作用　　② 物理的・化学的防御　　③ 適応免疫 (獲得免疫)

(3) 文章中の下線部(d)のしくみを何というか。(2)の①～③から選べ。また，(d)ではたらく細胞に該当するものを，次の①～⑧からすべて選べ。

　① 赤血球　　② T細胞　　③ 好中球　　④ マクロファージ

　⑤ 血小板　　⑥ B細胞　　⑦ 樹状細胞　　⑧ NK細胞

42 **(適応免疫)** 次の文章を読み，あとの問いに答えよ。

樹状細胞は，移植した(a)他人の臓器の細胞，ウイルスなどに感染した細胞などを認識すると，(b)その情報を（　①　）細胞と（　②　）細胞に提示する。すると（　①　）細胞は増殖し，(c)その一部は（　②　）細胞にはたらきかけて増殖を促進・活性化し，感染細胞などを直接攻撃させる。また（　①　）細胞はマクロファージも活性化し，食作用による異物の排除を活発化させる。さらに，リンパ球の一種の（　③　）細胞は，がん細胞や感染細胞がもつ特徴を認識し，直接攻撃して排除する。この（　③　）細胞は自然免疫の一端を担っている。また，（　①　）細胞や（　②　）細胞の一部は抗原の情報を記憶する（　④　）細胞となる。

(1) 文章中の空欄に適当な語句を記入せよ。

(2) 文中の下線部(a)のように移植した他人の臓器を攻撃して排除する反応を何というか。

(3) 文中の下線部(b)を何というか。

(4) 文中の下線部(c)のような方法で異物を取り除く免疫を何というか。

40
(1)
(2) ア
　イ
　ウ
(3)　　→　　　→
　　→　　　→

41
(1)
(2) (b)　　　(c)
(3) しくみ
　細胞 :

42
(1) ①
　②
　③
　④
(2)
(3)
(4)

43 （適応免疫）　体内に抗原が侵入すると，（　①　），マクロファージ，（　②　）がこれを取りこみ分解する。（　①　）はその(a)抗原の一部をヘルパーT細胞に示す。ヘルパーT細胞が抗原を認識すると，抗原に対応する（　②　）の増殖を促進する。（　②　）は分裂・増殖して（　③　）に分化し，（　④　）を体液中に放出する。（　④　）は抗原と特異的に結合する（　⑤　）を起こす。（　④　）が結合した抗原は，食細胞の食作用により排除される。(b)ヘルパーT細胞，キラーT細胞や（　②　）の一部は抗原の情報を覚えた細胞となり，二度目に同じ抗原が侵入すると直ちに強い免疫反応を起こし抗原を排除する。

(1) 文章中の空欄に適当な語句を記入せよ。

(2) 文章中の下線部(a)を何というか。

(3) 上の文章にあるような，④によって抗原を取り除く免疫を何というか。

(4) 文中の下線部(b)の細胞を何というか。

(5) ④は何というタンパク質でできているか。

44 （免疫記憶）　これまで抗原Xに感染したことがないマウスに抗原Xを注射し，抗原Xに対する抗体量を60日間測定したところ，右図のaのようになった。

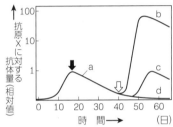

(1) 感染20日前後（➡）には抗体量が増えている。このような，初めて感染した抗原に対して起こる免疫反応を何というか。

(2) 40日目（⇩）に再び抗原Xを注射した。抗原Xに対する抗体量のグラフをb〜dから選べ。

(3) 2度目の同一抗原の感染時に(2)のようになる免疫反応を何というか。

(4) 40日目（⇩）に抗原Yを注射した場合，抗原Yに対する抗体量のグラフをb〜dから選べ。

(5) 40日目（⇩）に抗原Xと抗原Yとを同量ずつ注射した場合，抗原X，抗原Yに対する抗体量のグラフはそれぞれどうなるか。図中から選べ。

45 （免疫と病気）　ヒトの病気の中には，(a)免疫のはたらきの低下による病気や(b)免疫の異常反応による病気などもある。次の①〜⑤の病気の原因は下線部(a)，(b)のどちらに該当するか，それぞれ答えよ。

① アレルギー　　　　② エイズ（AIDS）　　　③ 日和見感染
④ 関節リウマチ　　　⑤ Ⅰ型糖尿病

46 （免疫の医療への応用）　医療現場では，免疫のしくみを利用した病気の治療や予防が行われている。次の①〜③をそれぞれ何というか。

① あらかじめ抗原を他の動物に接種して，その動物がつくった抗体を含む血清を投与して治療する方法。

② 弱毒化した病原体などを接種し，抗体をつくる能力を人工的に高めて免疫記憶を獲得させる方法。

③ リンパ球のはたらきを強めて，がん細胞を攻撃して治療する方法。

43
(1) ①
　　②
　　③
　　④
　　⑤
(2)
(3)
(4)
(5)

44
(1)
(2)
(3)
(4)
(5) X:　　　Y:

45
①
②
③
④
⑤

46
①
②
③

11 植生と遷移

学習の目標
① 植生の成りたちや相観について理解する。
② 時間の経過とともに植生が遷移することを理解する。

1 植生

A 植生と環境要因

ある場所をおおっている植物全体を〔¹　　　〕といい，〔¹　　　〕全体の外観を〔²　　　〕という。〔¹　　　〕は，気温と〔³　　　　〕の影響を大きく受け，その地域の気温と〔³　　　　〕に応じてさまざまな〔¹⓵　　　〕がみられる。

〔¹　　　〕を構成する植物の中で地表面を大きくおおうなど量的に割合の高い種を〔⁴　　　　〕という。

例　ブナを〔⁴　　　　〕とする森林→ブナ林
　　ススキを〔⁴　　　　〕とする草原→ススキ草原

❶植生は土壌・地形などの環境要因の影響も受ける。

B 植生の特徴

〔¹　　　〕は〔²　　　〕によって，森林・草原・荒原に大別される。

❶ 森林の特徴　森林は，〔³　　　　〕の多い地域に成立する〔¹　　　〕で，密に生えた樹木が〔²　　　〕を特徴づける。

発達した森林の最上部で葉のつらなった部分を〔⁵　　　〕，草本層や地表層など地表面に近い部分を〔⁶　　　〕という。〔⁵　　　〕から〔⁶　　　〕にかけて到達する光量は激減するため，鉛直方向に層状の構造がみられ，これを森林の〔⁷　　　　　〕という。

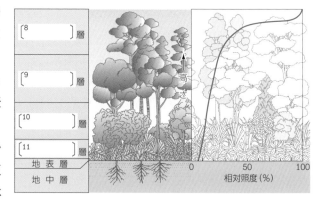

| 〔⁸　　　〕層 |
| 〔⁹　　　〕層 |
| 〔¹⁰　　　〕層 |
| 〔¹¹　　　〕層 |
| 地表層 |
| 地中層 |

相対照度 (%)　0　50　100

❷図の右側の曲線は，最上部の光の量を100としたときの相対的な光の量（相対照度）を示したものである。

照葉樹林では次のようになる。

〔⁸　　　〕層：スダジイ，タブノキ

〔⁹　　　　〕層：ヤブツバキ，モチノキ

〔¹⁰　　　〕層：アオキ，ヒサカキ

〔¹¹　　　〕層：ベニシダ，ヤブコウジ

〔¹²　　　〕層：地衣類，コケ植物

植物によって生育に必要な光の量は異なり，光の強いところでよく生育する植物を〔¹³　　　　　〕，比較的光の弱いところでも生育でき

る植物を〔14　　　　　　〕という。

〔13　　　　　　〕と
〔14　　　　　　〕について，
光の強さと光合成速度（単
位時間当たりの光合成量）
の関係は右図のようになる。

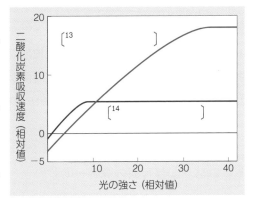

・〔13　　　　　　〕…強い
　光のもとで，光合成速度
❸
　が大きく，よく成長する。
・〔14　　　　　　〕…弱い
❹
　光でも生育に必要な量の光合成を行うことができるので，林内などの
　弱い光のもとでも生育できる。

❸アカマツ，シラカンバ，
ヤシャブシなどの樹木，
ススキ，ナズナなどの草
本が陽生植物の例である。

❹アオキ，ヤブツバキ，
ヒサカキなどの樹木，カ
ンアオイ，ジャノヒゲな
どの草本が陰生植物の例
である。

参考　光の強さと光合成速度

　単位時間当たりの光合成量および呼吸量を，
それぞれ〔15　　　　　　〕，〔16
❺
　　　　　　〕という。
　温度とCO_2濃度を一定にして，光の強さと
CO_2の吸収速度との関係を調べると図のように
なる。このグラフを〔17
　　　　　　〕という。

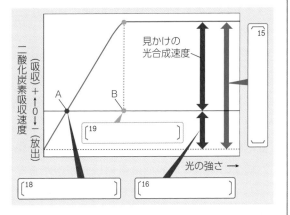

光の強さが0：呼吸だけが行われ，CO_2の放出
　だけが起こる。このときのCO_2放出速度を
❻
　〔16　　　　　　〕という。
光の強さ0からA：光が強くなるにしたがって，
　CO_2の吸収速度は増加し，Aの光の強さでは，
　見かけ上，二酸化炭素の出入りが0となる。
　このAの光の強さを〔18　　　　　　〕とい
　う。
光の強さがAからB：光が強くなるにしたがっ
　て，CO_2吸収速度は増加する。

光の強さB以上：これ以上光の強さが強くなっ
　てもCO_2吸収速度は大きくならない。Bの光
　の強さを〔19　　　　　　〕という。

❺光合成速度から呼吸速度を引いたものを見かけの光合成速
度といい，CO_2の吸収速度として測定できる。ふつう測定で
きるのは見かけの光合成速度である。

❻呼吸速度は，光の強さが強くなるにつれて，実際には減少
することが知られているが，図では一定で示してある。

---

❷ **草原の特徴**　降水量が少なく，森林が生育できない地域に発達する
　〔20　　　　　〕を中心とする〔1　　　　　〕。草原の階層構造は比較的単純で，
　草本層（丈の高い草の層→丈の低い草の層）→地表層がみられる。

❸ **荒原の特徴**　高山や極地，溶岩流の跡地など，気温・降水量，養分など
　の面で植物の生育に厳しい環境にみられる〔1　　　　　〕で，厳しい環境に
　適応した〔20　　　　　〕やコケ植物，地衣類などが点在する。

2 | 植生の遷移

A 移り変わる植生

　火山噴火や大規模な山崩れなどによって植生が破壊され裸地ができても，やがて植物が侵入して植生は回復する。ある場所の植生が時間とともに一定の方向性をもって移り変わっていく現象を〔¹　　　　〕(植生遷移)という。

B 植生の遷移の過程

　植生の遷移は，①〔²　　　　〕・荒原→②〔³　　　　　〕→③〔⁴　　　　　　〕→④〔⁵　　　〕樹種の多い森林→⑤移行期の森林→⑥〔⁶　　　　　〕樹種の多い森林へと移行する。

C 遷移のしくみ

❶ 土壌の形成と樹木の侵入　1) 裸地　火山活動による溶岩流の跡など新しくできた〔²　　　〕は，〔⁷　　　　〕がほとんどなく，直射日光をさえぎるものもなく，高温と乾燥にさらされる厳しい環境である。ここに最初に侵入する植物を，〔⁸　　　　　　　　〕❶(パイオニア植物)という。

2) 荒原　〔⁸　　　　　　〕の植生が島状に広がって〔⁹　　　　〕となる。

3) 草原❷　やがて，〔⁸　　　　　　〕が植生をさらに広げると相観は〔³　　　〕に変化する。植生の発達により植物の枯れ葉や枝などの有機物が堆積すると，微生物により分解されて〔⁷　　　〕が形成され始める。

4) 低木林　〔⁷　　　〕には水分や栄養塩類❸を保持するはたらきがある。また植生の発達で地表面に直射日光が当たらなくなり，乾燥しにくくなる。そして〔⁵　　　〕樹種といわれる木本植物の種子が風や鳥などによって運ばれてきて，〔³　　　〕内に樹木が生育するようになり，やがて低❹木が目立つようになって〔⁴　　　　　〕になる。〔⁴　　　　〕が形成されると，落葉・落枝量が増え，腐植層が発達した❺〔⁷　　　　　〕となる。

❶日本付近の先駆植物の例としては，ススキ，イタドリがあげられる。先駆植物として，場所によっては，地衣類やコケ植物などが生育する。

❷日本ではススキの草原が多い。

❸生物が生活するために必要な，窒素・リンなどを含む塩類を栄養塩類という。

❹先駆樹種には，ダケカンバ，ヤシャブシなどの陽生植物が多い。

❺落葉や落枝がたまると，ミミズ・昆虫・菌類・細菌などのはたらきで分解され，腐植となる。腐植からなる層を腐植層という。土壌は，上から順に，落葉層→腐植土層→砂や風化した岩石の層→岩石からなる層となる。

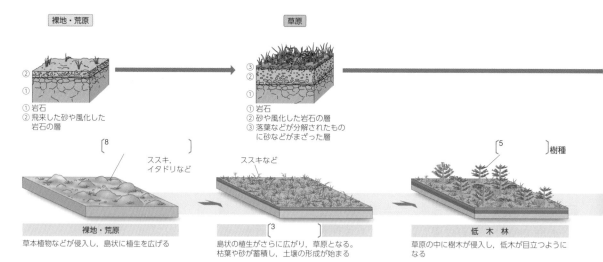

裸地・荒原
① 岩石
② 飛来した砂や風化した岩石の層

〔⁸　　　　　　〕
ススキ，イタドリなど

裸地・荒原
草本植物などが侵入し，島状に植生を広げる

草原
① 岩石
② 砂や風化した岩石の層
③ 落葉などが分解されたものに砂などがまざった層

ススキなど

〔³　　　　〕
島状の植生がさらに広がり，草原となる。枯葉や砂が蓄積し，土壌の形成が始まる

〔⁵　　　　〕樹種

低木林
草原の中に樹木が侵入し，低木が目立つようになる

❷ 林内の光環境の変化　森林の発達に伴って，林内に届く光の量が減少する。そのため，林内で生育できる樹種は入れ変わっていく。

5) **陽樹林**　[5 　　　]樹種は，強い光のもとで成長が速い[10 　　　]であることが多い。[5 　　　]樹種が成長して高木層を形成し，森林ができる。これを[11 　　　]という。[11 　　　]の発達で，枯れ葉や枝が堆積し，より発達した[7 　　　]が形成され，[7 　　　]の栄養塩類を保持する力も増大する。

　　[5 　　　]樹種となりやすい陽樹の例

　照葉樹林：アカマツ，クロマツ

　夏緑樹林：シラカンバ，ハンノキ，コナラ

6) **移行期の森林**　[11 　　　]が形成されると，その林床に届く光が少なくなる。すると，[10 　　　]の幼木は成長できず，弱い光のもとでも生育できるスダジイなどの[12 　　　]の[6 　　　]樹種の幼木が生き残る。[6 　　　]樹種の幼木が生育し，やがて高木層は[5 　　　]樹種と[6 　　　]樹種が混在する移行期の森林となる。この森林の林床はさらに暗くなる。

7) **陰樹林**　移行期の森林の林床は暗いが，耐陰性の高い[12 　　　]の幼木は生育できる。高木層を形成していた[5 　　　]樹種は，やがて寿命が尽きて枯れる。林床で幼木が生育できなかった[5 　　　]樹種は減少していく。

　　しかし，林床で幼木が成長できた[6 　　　]樹種は世代交代をくり返せるので，[6 　　　]樹種からなる[13 　　　]は安定して長く続く。このように[6 　　　]樹種の多い森林を[14 　　　]という。

　　[14 　　　]となりやすい[12 　　　]の例

　照葉樹：スダジイ，アラカシ，タブノキ

　夏緑樹：ブナ，ミズナラ

❻陽樹林を形成する陽樹の種類は，極相林を形成する極相樹種と同様，気温によって異なる。バイオーム（⇒p.82）は，暖温帯では照葉樹林となり，冷温帯では夏緑樹林となる。

❼遷移の結果安定して長く続く状態を極相（クライマックス）という。

❽極相林になるには長い年月がかかるので，その間に台風や山火事などで破壊されて極相林に達しない場合も多い。

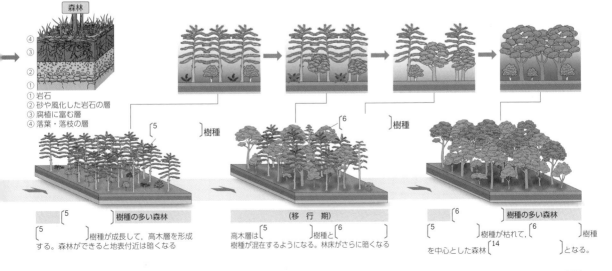

① 岩石
② 砂や風化した岩石の層
③ 腐植に富む層
④ 落葉・落枝の層

[5 　　　]樹種の多い森林
[5 　　　]樹種が成長して，高木層を形成する。森林ができると地表付近は暗くなる

（移 行 期）
高木層は[5 　　　]樹種と[6 　　　]樹種が混在するようになる。林床がさらに暗くなる

[6 　　　]樹種の多い森林
[5 　　　]樹種が枯れて，[6 　　　]樹種を中心とした森林[14 　　　]となる。

参考　湖沼などから始まる遷移

　火山の噴火の跡地など，陸上の裸地から始まる遷移を〔1　　　　　〕という。これに対して，湖沼などから始まる遷移を〔2　　　　　〕という。〔2　　　　　〕は次のように進行する。

〔3　　　　　〕→〔4　　　　　〕→〔5　　　　　〕→草原→低木林→陽樹林→陰樹林（極相林）

❶ 貧栄養湖　新しくできた湖沼は，ふつう栄養塩類をほとんど含まないのでプランクトンもあまり繁殖せず，魚類もほとんどいない透明度の高い湖沼である。これを〔3　　　　　〕という。

❷ 富栄養湖　河川からの栄養塩類の流入により，植物プランクトンが増え，しだいに栄養塩類が蓄積されるようになると，植物全体が水面下にある〔6❶　　　　　〕も生育するようになり，生息する魚類も増えた〔4　　　　　〕となる。さらに，土砂の流入によって水深が浅くなると葉を水面に浮かべる〔7❷　　　　　〕が生育するようになり，水底

に届く光量が減少して〔6　　　　　〕はみられなくなる。

❸ 湿原　さらに水深が浅くなると，根は水底にあるが植物体の大部分は水面より上にある〔8❸　　　　　〕がみられるようになり，土砂の堆積が進んで〔5　　　　　〕となる。

❹ 草原　〔5　　　　　〕のミズゴケなどが腐って土壌が形成され，草原へとかわり，〔1　　　　　〕と同じような過程を通って極相林へと遷移する。

❶沈水植物は植物全体が水面下にある植物。クロモ，セキショウモなど。

❷浮葉植物は葉を水面に浮かべる植物。ヒツジグサ，ヒシなど。

❸抽水植物は根が水底にあるが，植物体の大部分は水面より上にある植物。ヨシ，ガマなど。

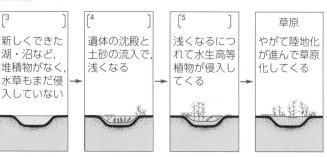

〔3　　　〕	〔4　　　〕	〔5　　　〕	草原
新しくできた湖・沼など，堆積物がなく，水草もまだ侵入していない	遺体の沈殿と土砂の流入で，浅くなる	浅くなるにつれて水生高等植物が侵入してくる	やがて陸地化が進んで草原化してくる

重要実験 8　三宅島でみられる火山噴火と植生

　伊豆の三宅島は火山噴火の活発な島で，ここ数百年で何度も噴火が起こり，溶岩が流れている。三宅島では，噴火が起こった年代が正確にわかっている。① 30 年前，② 50 年前，③ 150 年前，④ 600 年前に噴火が起こった 4 地点（A〜D）で植生の調査が行われ，次の植物が確認された。なお，植物名の後の数値はその植物の高さを示している。

A：ハチジョウイタドリ，オオバヤシャブシ 5 m

B：ハチジョウイタドリ，ハチジョウススキ 1 m
C：ヤブツバキ 5 m，スダジイ 10 m
D：オオシマザクラ，タブノキ 10 m

設問　噴火から① 30 年，② 50 年，③ 150 年，④ 600 年を経過した調査地点の植生は，それぞれ調査地点 A〜D のいずれと推定されるか。

　　　　　　①〔1　　　〕　②〔2　　　〕
　　　　　　③〔3　　　〕　④〔4　　　〕

78　●第 4 章　生物の多様性と生態系

D 遷移の進行と環境の変化

　植生の遷移の進行に伴って，周囲の環境変化とともに，生育する植物の[4]種類も変化していく。

　遷移の初期に裸地に侵入する[9 　　　　]の草本は，よく発達した根をもち，少ない養分や水分を有効に利用できるので，厳しい環境でも生育できる。[9 　　　　]が生育し，枯れた葉や枝などの[10 　　　　]が蓄積すると，やがて[11 　　]が形成される。[11 　　]が形成されると樹木が生育できるようになる。樹木が成長し森林が形成されると，その後は[12 　　　]の強さが遷移を進める主因となる。

❹生物が環境に影響を及ぼすことを環境形成作用という。

❺地上部の階層構造は，草原では丈の高い草の層の下に丈の低い草の層や地表層がみられる。低木林では，低木層，草本層，地表層がみられ，発達した極相林では，高木層，亜高木層，低木層，草本層，地表層がみられる。

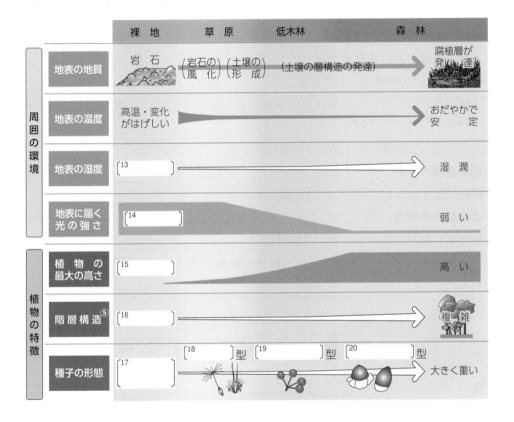

参考　種子の散布型と植生の遷移

　植物の種子の散布様式は，遷移の進行に伴って，[18 　　　]型→[19 　　　]型→[20 　　　]型へと変化する。

❶ [18 　　　]型　小形の種子，翼をもった種子（イタドリ），冠毛をもった種子（ススキ）など，風によって遠くまで運ばれやすく，遷移初期に出現する。

❷ [19 　　　]型　動物の毛に付着して運ばれる種子（オナモミ）や，果実が動物によって食べられることによって種子が運ばれる植物（ヤマザクラ）。[6]

❸ [20 　　　]型　遷移の後期にみられ，重いため親木の下に落下して発芽する種子（アラカシ）。大形の種子が多い。

❻果実が動物によって食べられる動物被食散布型では，食物を地中に蓄える習性をもつネズミ・カケスなどによって運ばれ，食べ忘れられた種子が発芽することで増えるものもある。

E ギャップと森林の多様性

極相林であっても, [¹   ]樹種だけで構成されているのではなく, さまざまな要因によって森林を構成する樹種の多様性が保たれている。

❶ ギャップの形成　森林において, 台風などで林冠を形成する樹木が倒れたりすると, 林冠に穴のようなすき間ができ, 林床に光が届く場所ができることがある。この部分を[²   ]という。

❷ 先駆植物の芽生えと成長　[²   ]では, 林床に光が届くようになる。すると, [¹   ]樹種の幼木だけでなく, 飛来したり土壌中に埋もれたりしていた[³   ]樹種の種子も発芽・成育できるようになる。[³   ]樹種は[¹   ]樹種よりも成長が速いため, 早く成長して林冠まで到達するものが出てくる。

❸ 混交林　[³   ]樹種が先に林冠まで達して[¹   ]樹種とともに林冠の一部を形成することがある。その結果, [¹   ]樹種だけでなく[³   ]樹種が[⁴   ]状に入り混じった混交林となる。このように[²   ]ができることによって, [¹   ]樹種だけでなく[³   ]樹種も入り混じった森林となる。

❹ 先駆樹種から極相樹種へ　[²   ]の[³   ]樹種もやがて[¹   ]樹種に置きかわり, [¹   ]樹種の多い森林となる。

❺ 森林を構成する樹種の多様性　[²   ]は次々と生じるため, [¹   ]樹種の多い森林内に, [³   ]樹種が[⁴   ]状に入り混じった森林となる。このようにして森林の樹種の[⁵   ]が保たれる。

❶ギャップによって, 森林の樹木が入れ替わることをギャップ更新という。

❷極相林の台風などによる倒木はモザイク状に発生する場合が多い。

❸多様性の高い森林ほど安定して環境変化にも強い。

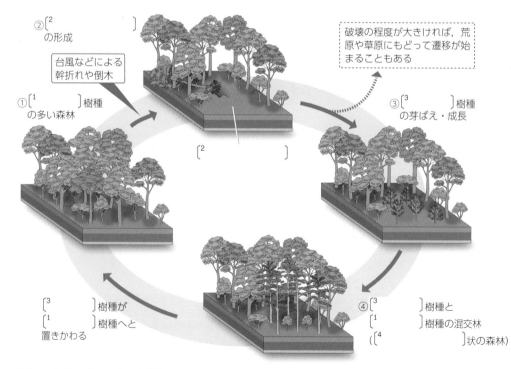

②[²   ]の形成

破壊の程度が大きければ, 荒原や草原にもどって遷移が始まることもある

台風などによる幹折れや倒木

①[¹   ]樹種の多い森林

③[³   ]樹種の芽ばえ・成長

[²   ]

[³   ]樹種が[¹   ]樹種へと置きかわる

④[³   ]樹種と[¹   ]樹種の混交林([⁴   ]状の森林)

F 二次的な遷移

　山火事や森林伐採などによって森林が大きく破壊されたり，台風などの強風によって大規模なギャップができたりした場合，その場所の相観が荒原や草原となって再び遷移が始まることがある。これを〔6　　　　　　〕という。

　〔6　　　　　　〕の場合には，植生がつくりだした土壌や種子，土壌生物の一部を引き継いだ形で始まるため，一次遷移に比べて遷移はかなり速く進行する。❹

❹一次遷移では，土壌の形成に時間がかかるので遷移の速度は遅くなる。

遷移をまとめると次のようになる。

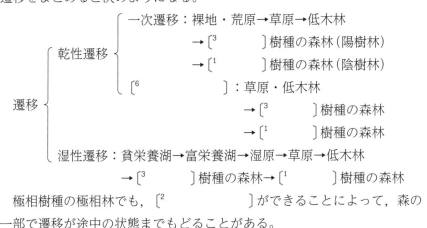

```
　　　　　　　　┌一次遷移：裸地・荒原→草原→低木林
　　　　┌乾性遷移┤　　　→〔3　　　〕樹種の森林（陽樹林）
　　　　│　　　　│　　　→〔1　　　〕樹種の森林（陰樹林）
　　　　│　　　　└〔6　　　　　〕：草原・低木林
遷移┤　　　　　　　　　→〔3　　　〕樹種の森林
　　　　│　　　　　　　　　→〔1　　　〕樹種の森林
　　　　└湿性遷移：貧栄養湖→富栄養湖→湿原→草原→低木林
　　　　　　　→〔3　　　〕樹種の森林→〔1　　　〕樹種の森林
```

　極相樹種の極相林でも，〔2　　　　　　　〕ができることによって，森の一部で遷移が途中の状態までもどることがある。

参考　遷移と種の多様性

❶ **裸地〜草原**　裸地では土壌がないので，風などで運ばれてきた種子も発芽できないことが多く，生育できる植物は少なく，生息する動物も少ない。

　草原になると風や動物によっていろいろな植物の種子が運ばれてきて生育するため，植生を構成する植物の種類は〔7　　　　〕する。また鳥やウサギなどの小動物も生息するようになる。樹木が侵入して生育するようになると，光の取り合いとなって地表に到達する光量が減少していく。

❷ **陽樹林**　陽樹林が林冠を形成するようになると，林床の光は減るため，強い光を必要とする植物は林床で生育できなくなり植物の種類は〔8　　　〕するようになる。

❸ **陰樹林**　陰樹林の林床は極端に暗いため，林床で生育する植物の種類は減少する。植物の種類が減少すると，それを食物としていた動物の種類も減少する。❺

❹ **極相林とギャップ**　極相を形成している陰樹林にギャップができると，光を必要とする植物なども再び生育できるようになり，さまざまな環境に適応した多くの植物が生育するようになる。すると，そこを生活場所とする動物の種類も増える。したがって，ギャップは森林の生物の〔9　　　　　　〕を維持するうえで重要といえる。

❺食草の種類が減少すると，それを食物とする植物食性動物の種類が減少する。

12 植生の分布とバイオーム

① 世界各地には，多様なバイオームが成立していることを理解する。
② 気候条件によっては，遷移の結果が森林以外の草原や荒原になることを理解する。

1 バイオームの成立

A バイオーム❶とは

ある地域の植生とそこに生息する動物などを含めた生物のまとまりを〔¹　　　　　　　　〕(**生物群系**)という。陸上では〔²　　　〕や〔³　　　〕量などの気候的要素がその地域の植生とそこで生活する動物に影響を与え，さまざまな〔¹　　　　　　　　〕が成立する。陸上の〔¹　　　　〕は植生の〔⁴　　　〕で分類される。

B 気候とバイオーム

陸上の〔¹　　　　　　　　〕は，気候の中でも〔²　　　〕と〔³　　　〕量によって分布が決まる。

❶ 森林　年降水量が比較的多い地域では〔⁵　　　〕が形成されるまで〔⁶　　　〕が進むため，〔⁵　　　〕のバイオームが成立する。

❷ 草原　年降水量の比較的少ない地域では樹木が侵入しても〔⁵　　　〕の形成まで〔⁶　　　〕が進まず，〔⁷　　　〕のバイオームが成立する。

❸ 荒原　年降水量が極端に少ない地域や，年平均気温が極端に低い地域では〔⁸　　　〕のバイオームが成立する。

これらはさらに，気温によって異なるバイオームとなる(下図)。

❶バイオームには，陸上のバイオームのほかに，海洋や河川などの水界のバイオームもある。

❷森林，草原，荒原のどのバイオームになるかは，その地域の年降水量が遷移をどの段階まで進ませるかで決まる。

❸森林のバイオームでも，気温によって異なるバイオームが成立する。年平均気温の高いほうから順に，熱帯多雨林・亜熱帯多雨林→照葉樹林→夏緑樹林→針葉樹林へと変化する。

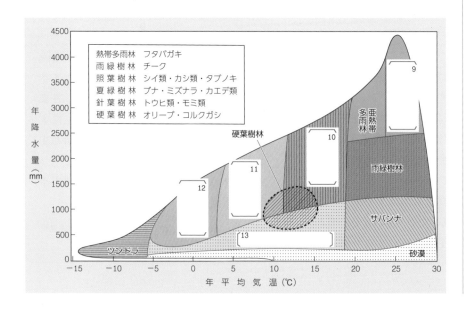

熱帯多雨林　フタバガキ
雨緑樹林　チーク
照葉樹林　シイ類・カシ類・タブノキ
夏緑樹林　ブナ・ミズナラ・カエデ類
針葉樹林　トウヒ類・モミ類
硬葉樹林　オリーブ・コルクガシ

2 世界のバイオーム

A 年降水量が多い地域のバイオーム

年降水量が十分ある地域では，遷移が進行すると相観は森林となる。バイオームは，年平均気温が高いほうから順に，熱帯多雨林・亜熱帯多雨林→[14　　　　]樹林→[15　　　　]樹林→針葉樹林へと変化する。

森林	熱帯・亜熱帯	熱帯多雨林 亜熱帯多雨林	熱帯や亜熱帯の降水量の多い地域に成立。おもに常緑広葉樹からなる森林で，階層構造が発達している。植物や動物の種類が多い。 例　植物：フタバガキ　動物：オランウータン
		[16　　]樹林	熱帯・亜熱帯のうち，雨季と乾季のある地域に成立。雨季に葉をつけ，乾季に落葉する。 例　植物：チーク　動物：アジアゾウ
	暖帯 (暖温帯)	[14　　]樹林	温帯のうち，年平均気温が比較的高い暖温帯に成立。厚いクチクラ層をもつ常緑広葉樹からなる森林。 例　植物：シイ類・カシ類　動物：ホンドタヌキ，ニホンザル
		硬葉樹林	温帯のうち夏に乾燥し，冬に雨が多い地中海沿岸などの地域に成立。厚いクチクラ層をもち，硬くて小さい葉をつける樹木が分布。 例　植物：オリーブ，コルクガシ　動物：アナウサギ
	温帯 (冷温帯)	[15　　]樹林	温帯のうち，年平均気温が比較的低い冷温帯の地域に成立。おもに落葉広葉樹からなる森林で，秋に紅葉し，冬に落葉する。 例　植物：ブナ・ミズナラ・カエデ類　動物：ニホンジカ
	亜寒帯	[17　　]樹林	ユーラシア大陸と北米大陸の北部の亜寒帯の地域に成立。常緑針葉樹が中心で落葉針葉樹も一部みられるが，構成樹種は少ない。 例　植物：トウヒ・モミ・カラマツ類　動物：ヒグマ

B 年降水量が少ない地域のバイオーム

年降水量が少ない地域では，樹木の生育に十分な量の雨が降らないため，遷移が進行しても森林にはならず，相観は草原や荒原になる。

草原	熱帯・亜熱帯	[18　　　　] (熱帯草原)	熱帯・亜熱帯の地域でおもにイネのなかまの草本が中心で木本が点在。植物食性の哺乳類や動物食性の哺乳類が生息。 例　植物：イネのなかま，アカシア　動物：シマウマ，ライオン
	温帯	[19　　　　] (温帯草原)	温帯の内陸部。イネのなかまの草本が中心の草原。 例　植物：イネのなかま，ヨモギ類　動物：アメリカバイソン，プレーリードッグ，バッタ
荒原	熱帯 温帯	[20　　　] (乾燥荒原)	熱帯や温帯で降水量が極端に少ない地域。乾燥に適応したサボテンのなかまなどの多肉植物。 例　植物：サボテンのなかま　動物：サバクトビネズミ
	寒帯	[21　　　] (寒地荒原)	北極圏などの寒帯。おもに草本類にコケ植物・地衣類が混じる。 例　植物：地衣類，コケ植物　動物：トナカイ，ジャコウウシ

草原は年平均気温によって，気温の高い[18　　　　　]と低い[19　　　　　]に分かれる。

地球上では一般に，低緯度地方は気温が〔¹　　〕く，高緯度地方は気温が〔²　　〕いので，同じような気温で成り立つバイオームは〔³　　〕に沿って帯状に分布する。

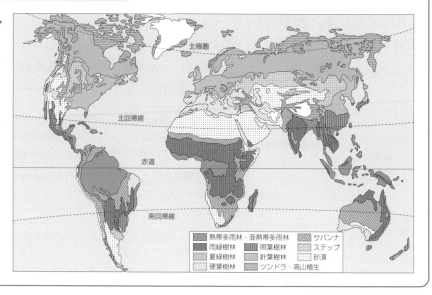

北極圏

北回帰線

赤道

南回帰線

熱帯多雨林・亜熱帯多雨林	サバンナ
雨緑樹林	照葉樹林	ステップ
夏緑樹林	針葉樹林	砂漠
硬葉樹林	ツンドラ・高山植生	

3 日本のバイオーム

日本では十分な降水量があるため，遷移が進行すると〔⁴　　〕となる。

A 日本の水平分布

気温は緯度に対応し帯状に分布するため，バイオームも緯度に応じて帯状に分布する。このバイオームの水平方向の分布を〔⁵　　　〕という。

❶日本列島は，東西南北に長く，約3000kmにも及ぶ。そのため顕著な水平分布がみられる。日本付近では北に100km移動すると，気温が約0.5〜0.6℃下がる。

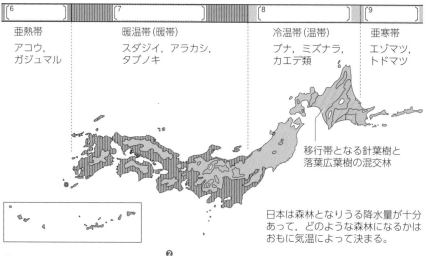

〔⁶　　〕	〔⁷　　　　〕	〔⁸　　〕	〔⁹　　〕
亜熱帯	暖温帯（暖帯）	冷温帯（温帯）	亜寒帯
アコウ，ガジュマル	スダジイ，アラカシ，タブノキ	ブナ，ミズナラ，カエデ類	エゾマツ，トドマツ

移行帯となる針葉樹と落葉広葉樹の混交林

日本は森林となりうる降水量が十分あって，どのような森林になるかはおもに気温によって決まる。

❷茎が木の幹のようになっている大形のシダ。

❸山火事や伐採などで植生が破壊された後，二次遷移が進んでできた林。

❶ **亜熱帯多雨林**　木生シダ類❷のヘゴ，アコウやガジュマル

❷ **照葉樹林**　〔¹⁰　　　　〕，アラカシ，タブノキ。大規模な林は開発のためほとんど残っておらず，アカマツなどが二次林❸をつくっている。

❸ **夏緑樹林**　〔¹¹　　　〕，ミズナラ，カエデ類

❹ **針葉樹林**❹　〔¹²　　　〕，トドマツ

❹針葉樹林は，耐寒性の強い常緑針葉樹が優占種となっている。

B 日本の垂直分布

　気温は一般に標高が 1000 m 高くなると 5 〜 6℃下がる。高山では標高に応じたバイオームの分布がみられ、これを [13 　　　　] という。本州中部では、標高の低い場所から高い場所に向かって次のように分布する。

❶ 丘陵帯　標高 700 m 付近までの地域で、スダジイ・アラカシ・タブノキなどの [14 　　　　] が森林をつくる。

❷ 山地帯　標高 1700 m 付近までの地域で、ブナ・ミズナラ・カエデなどの [15 　　　　] が森林をつくる。

❸ 亜高山帯　標高 2500 m 付近までの地域で、シラビソ・オオシラビソ・コメツガなどの [16 　　　　] が森林をつくる。

❹ [17 　　　　]　亜高山帯の上限をいい、低温・積雪・強風・乾燥のため、これより標高の高いところには森林はできない。

❺ [18 　　　　] [17 　　　　] よりも上の地域で、低木の [19 　　　　]・コケモモ、高山植物のコマクサなどが分布し、夏には「お花畑」とよばれる [20 　　　　] や岩質荒原もみられる。

❺図の垂直分布は、日本海側（北部）で低くなっている。これは、南側に比べて、北側は気温が低くなっているためである。

【バイオームの垂直分布（日本中部）】

[18 　　] 高度(m)

一般にバイオームの境界の標高は、北斜面のほうが南斜面よりも低い

低木林（高山草原）
2500（森林限界）
亜高山帯
1700
針葉樹林
シラビソ
オオシラビソ
コメツガ
[21 　　]
夏緑樹林
ブナ
ミズナラ
700
[22 　　]
照葉樹林
スダジイ
タブノキ
ハイマツ
コケモモ
コマクサ
（南部）←→（北部）

❻シラビソやオオシラビソと同じ針葉樹であるエゾマツやトドマツは、北海道東北部では針葉樹林の主流をなすが、本州の中部地方の亜高山帯ではみられない。

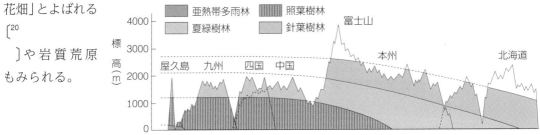

参考 暖かさの指数

　日本では、高山や海岸などを除き、一般にどこでも森林を維持するのに十分な降水量（年 1000 mm 以上）があるので、どのようなバイオームになるかは、おもに気温によって決まる。日本のバイオームの分布を決める気温条件は、積算気温を指標にするとうまく説明できる。

　植物の成長や繁殖がうまくできる下限の温度を 5℃と考え、1 年間のうち月平均気温が 5℃以上の各月について、月平均気温から 5℃を引いた値を求め、それらを合計した値（積算した値）を**暖かさの指数**とする。

暖かさの指数	バイオーム
240 以上	熱帯多雨林
240 〜 180	亜熱帯多雨林
180 〜 85	照葉樹林
85 〜（45 〜 55）	夏緑樹林
（45 〜 55）〜 15	針葉樹林
15 未満	高山帯

13 生態系と生物の多様性

学習の目標
① 生態系の成りたちを理解する。
② 生物間の関係が種多様性の維持にかかわっていることを理解する。

1 生態系の成りたち

A 生態系とは

ある一定地域に生息するすべての生物と，それを取り巻く非生物的環境を 1 つのまとまりとしてとらえたものを〔¹　　　　　〕という。

非生物的環境には，光・大気・温度・降水量などの気候的な要因と，土壌的な要因がある。非生物的環境が生物に影響を及ぼすことを〔²　　　　〕といい，生物が非生物的環境に影響を及ぼすことを〔³　　　　　　〕という。

❶生態系には，地球，海洋，森林などの規模の大きいものから，校庭の池や花壇，1滴の水の中などのような小さなものまで，いろいろな規模のものがある。

B 生態系の構造

生態系を構成する生物は，生態系におけるその役割から，大きく生産者と消費者に分けられる。

❶ 生産者 太陽の光エネルギーを利用して CO_2 と水から有機物を合成する植物などは〔⁴　　　　〕といわれる。

❷ 消費者 自らは有機物を生産せず，〔⁴　　　　〕のつくった有機物を直接または間接的に取りこんで栄養源とする生物を〔⁵　　　　〕という。〔⁵　　　　〕のうち，生産者を直接食べる植物食性動物を〔⁶　　　〕**消費者**といい，それを食物とする動物食性動物を〔⁷　　　　〕**消費者**という。生態系によっては，三次や四次の消費者がいることもある。

〔⁴　　　　〕のつくった有機物は，最終的には〔⁸　　　　〕にまで分解される。〔⁵

　　　　〕のうち，分解の過程にかかわる生物を特に〔⁹　　　　〕といい，〔⁴　　　　〕や〔⁵　　　　〕の枯死体・遺体・排出物に含まれる有機物の分解には，おもに〔⁹　　　　〕の〔¹⁰　　　　〕と細菌がはたらく。〔⁹　　　　〕のはたらきによってできた〔¹¹　　　　〕は，〔⁴　　　　〕によって再び利用される。

❷植物は二酸化炭素と水と太陽の光エネルギーを使って光合成を行い，デンプンなどの有機物を合成する。

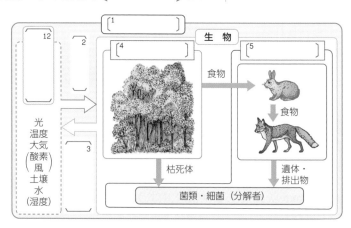

❸生態系の中の炭素や窒素などの物質は，生態系の中を循環する。これを物質循環といい，炭素循環，窒素循環などがある。

2　生態系と種多様性

　林床の土壌調査をしてみると，多種多様な土壌生物が生息している。生態系における生物の種の多様さを[¹³　　　　　　　]という。

発▶生物多様性とは

　地球上に生息する生物は，共通性をもつ一方で多種多様である。生物が多様であることを[¹⁴　　　　　　　　]といい，次の3つの階層がある。

❶ **遺伝的多様性**　同じ種でも個体ごとに遺伝子には違いがある。同種内における遺伝子が多様であることをいう。

❷ [¹³　　　　　　　]　生態系における生物の種の多様さをいう。

❸ [¹⁵　　　　　]**多様性**　地球上には，森林・草原・海洋など多種多様な生態系がある。生態系の種類が多様であることをいう。

重要実験 9　土壌中の生物の調査

〔方法〕　① ツルグレン装置や双眼実体顕微鏡❹，バット，ペトリ皿などの用具，消毒用アルコールなどを準備する。

② 環境の異なる2つの地点を土壌調査の調査区に設定する。
　　A：うす暗く落葉や落枝の多い植えこみなどの下の土。
　　B：日当たりがよく比較的乾燥している芝生の下の土。

③ 各調査区の表面から5cmぐらいまでを掘って土壌を採取する。

④ 採取した土を紙の上に広げ，少しずつ土を動かし，大形の土壌動物を取り出す(ハンドソーティング法❺)。

⑤ 土壌をツルグレン装置にセットし，アルコールの入ったビーカーをツルグレン装置の下に置いて土壌動物を採取する。

⑥ ⑤で採取した土壌動物を，ルーペや双眼実体顕微鏡などで観察し，土壌動物図鑑を使って分類・記録する。

❹ツルグレン装置は，上から電球の光を当て，その熱を避けようとして土壌動物が下に逃げる性質を利用している。

❺紙の上に土を広げて少しずつ土を動かしてその中の土壌動物を探す方法。

〔結果〕

	ダニのなかま		トビムシのなかま		その他			
	ササラダニ類	その他のダニ類	マルトビムシ類	フシトビムシ類	ワラジムシ	ダンゴムシ	カマアシムシ	ハサミムシ
A	78	35	14	38	5	4	1	1
A	113		52		5	4	1	1
B	8	32	10	12	0	0	0	0
B	40		22		0	0	0	0

〔設問〕 調査結果から，土壌動物の種類と数についてAとBを比べてどのようなことがいえるか。

[¹

]

〔設問〕 調査地点AとBでは，土壌にどのような違いがみられたか。

[²

]

生物どうしのつながり

A 食物連鎖と食物網

生態系を構成する生物の間には，〔¹　　　〕(食う)と〔²　　　〕(食われる)の関係がみられる。食うほうを〔¹　　　〕者，食われるほうを〔²　　　〕者という。生物どうしの〔¹　　　〕・〔²　　　〕の関係は一連の鎖のようにつながっており，これを〔³　　　　　　〕という。

水田の例●　イネ → イナゴ → カエル → モズ → タカ

　　　　　生産者　一次消費者　二次消費者　三次消費者　四次消費者

実際の生態系では，〔¹　　　〕・〔²　　　〕の関係は次のように1本の鎖状ではなく複雑に入り組んだ網状となっており，これを〔⁴　　　　　〕という。

●イネはイナゴに食べられるだけでなく，ウンカなどにも食べられ，イナゴはカエルに食べられるだけでなく，モズやクモなどにも食べられる。

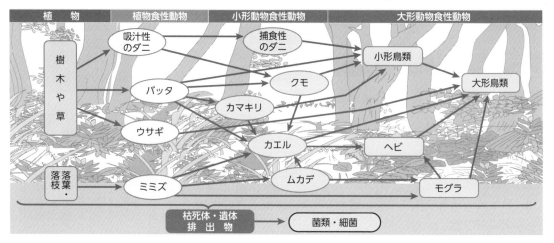

B 生態ピラミッド

生態系において，生産者，一次消費者，二次消費者などの食物連鎖の各段階を〔⁵　　　　　〕という。

❶〔⁶　　　　〕ピラミッド ─ 一定面積内に存在する生物個体数を，〔⁵　　　　　〕ごとに順に積み上げたもの。

❷〔⁷　　　　〕ピラミッド ─ 一定面積内に存在する生物体の総量(生物量)について表したもの。

❸〔⁸　　　〕ピラミッド 〔⁶　　　〕ピラミッドや〔⁷　　　〕ピラミッド，生産力ピラミッド❸などをまとめて〔⁸　　　〕ピラミッドという。

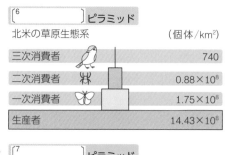

〔⁶　　　　〕ピラミッド	
北米の草原生態系	(個体/km²)
三次消費者	740
二次消費者	0.88×10⁸
一次消費者	1.75×10⁸
生産者	14.43×10⁸

〔⁷　　　　〕ピラミッド	
フロリダのシルバースプリングス	(kg/km²)
三次消費者	1500
二次消費者	11000
一次消費者	37000
生産者	809000

❷生物量は，一定の面積や体積内に生存する生物体の総量で，ふつうは乾燥重量(水分を除いた重量)などで示される。

❸一定期間内に生物が獲得するエネルギー量について示したものを，生産力ピラミッドという。

発展▶ 生態系における有機物の利用

生態系における有機物の移動と量的な関係は下図のように示される。

❶ 生産者の場合

- 総生産量：一定面積内の生産者が一定期間に生産する有機物の量。
- 純生産量
  ＝総生産量−呼吸量
- 〔9　　　　　〕
  ＝純生産量−枯死量[④]
  −被食量[⑤]

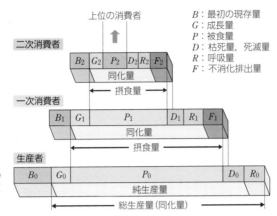

上位の消費者

B：最初の現存量
G：成長量
P：被食量
D：枯死量，死滅量
R：呼吸量
F：不消化排出量

二次消費者
B_2 G_2 P_2 D_2 R_2 F_2
同化量
摂食量

一次消費者
B_1 G_1 P_1 D_1 R_1 F_1
同化量
摂食量

生産者
B_0 G_0 P_0 D_0 R_0
純生産量
総生産量(同化量)

❷ 消費者の場合

摂食量は生産者の被食量に相当する。また，消費者の摂食量の一部はふんなどの〔10[⑥]　　　　　　〕として排出される。

- 同化量＝摂食量−〔10[⑥]　　　　　　〕
- 〔9　　　　　〕＝同化量−呼吸量−死滅量[⑦]−被食量[⑧]

C 種の多様性の維持

右図のような岩礁の生態系で，最上位の捕食者であるヒトデを継続的に取り除くと，生態系に次のような変化がみられた。

ヒトデ

ヒザラガイ　カサガイ

レイシガイ

藻類　フジツボ　イガイ　カメノテ

❶ 3か月後 フジツボが岩場の大部分を占めた。

❷ 1年後 イガイが岩場をほぼ独占し，カメノテとレイシガイは散在するのみになった。

❸ その後 藻類が激減し，ヒザラガイ，カサガイも消えた。

このように，ある生態系において，食物網の上位の捕食者などが，その生態系の種多様性などの維持に大きな影響を及ぼす場合，その生物種(図の場合はヒトデ)を〔11　　　　　　　　〕という。また，この食物網ではヒトデは藻類を食べないが，ヒトデの存在が藻類の生存に影響を与えている。このように，ある生物の存在がその生物と捕食・被食の関係で直接つながっていない生物の生存に対しても影響を与えることを〔12　　　〕という。

この例のように，生態系内においてある生物種の個体数が大きく増減すると，生態系の種多様性が低下し，種の〔13　　　　〕につながることもある。

❹落葉・落枝などの量。

❺一次消費者に食べられた量。

❻ふんとして排出された量。

❼成長途中で死んだ量など。

❽一段上の栄養段階の消費者に食べられた量。

❾北太平洋のアリューシャン列島沿岸の海域では，ラッコ・ウニ・魚・アザラシなどが生息する豊かな生態系をもつジャイアントケルプの森がある。

ここでラッコが激減するとウニが爆発的に増加し，ウニによる食害でジャイアントケルプがなくなり，そこに生息していた魚類・甲殻類がいなくなった。すると，それらを捕食するアザラシまでも姿を消したという例がある。

14 生態系のバランスと保全

学習の目標
① 生態系がもつ復元力について理解する。
② 人間の活動が生態系に及ぼす影響について理解する。
③ 生態系の保全の重要性について理解する。

1 生態系のバランス

A 生態系のバランスと復元力

生態系は常に変動している。台風や山火事などで[¹　　　　]されても，その変動の幅は一定の範囲に保たれることが多い。これを生態系の[²　　　　]が保たれているという。

生態系に[¹　　　　]が起こっても，規模が小さければもとにもどろうとする[³　　　　]がはたらく。[³　　　　]をこえた大規模な[¹　　　　]が起こると，生態系の[²　　　　]が崩れ，もとの生態系にもどらず別の生態系に変化する。

生態系のバランス

森林の生態系

変動の幅が一定の範囲内であればもとにもどる

倒木　　　小規模な山火事

生態系は常に変動している

大規模なかく乱

生態系のバランスがくずれる　噴火

別の生態系へ

移行した先の新たな生態系で再びバランスが保たれる

B かく乱と生態系のバランス

❶ **自然浄化** 河川などに生活排水のような有機物を含む汚水が流入して生態系の[¹　　　　]が起こった場合，次のような[⁴　　　　]がみられる。

1) 下水の中の有機物を取りこんだ❶[⁵　　　]が急激に増加する。その呼吸により酸素が減少し，NH_4^+が増加する。

2) [⁵　　　]を捕食する❷[⁶　　　　　　]が増加し，[⁵　　　]は捕食されて減少する。

3) NH_4^+が増加するとNH_4^+を取りこんで[⁷　　　　]が増加する。[⁷　　　　]の光合成によって[⁸　　　]が増加し，NH_4^+は減少する。

4) NH_4^+が減少すると[⁷　　　　]も減少し，生物の個体数や水質は汚水流入前の状態にもどる。このはたらきを[⁴　　　　　]という。
[⁴　　　　　]のように，生態系は，[¹　　　　]を受けても生態系のもつ[³　　　　]がはたらき，[¹　　　　]の規模が大きくない場合はもとの状態にもどる場合が多い。

（上流）汚水流入点（下流）

生物の個体数

細菌　　　藻類

[⁶　　　]

水質の変化

BOD　[⁸　　]

NH_4^+

❶細菌は増殖速度が速く，酸素を使う呼吸によって有機物を分解し，CO_2とNH_4^+を生成する。この地点の水は細菌で白くにごり，悪臭を放つ。

❷ゾウリムシのような単細胞の，細菌などを食物とする動物を原生動物という。

❸水質を示す指標として，COD（化学的酸素要求量）やBOD（生化学的酸素要求量）がある。両者とも数値が大きいほど汚染された水であることを示す。CODは化学的な反応により水中の有機物を酸化するのに必要とする酸素量。BODは水中の有機物を微生物が分解するのに必要とする酸素量。

❷ 富栄養化　湖などに生活排水が多量に流入して水生植物が吸収できないほど〔⁹　　　　　　　〕が増え，〔⁴　　　　　　　〕のはたらきで水質をもどせなくなり，〔⁹　　　　　　　〕が蓄積して濃度が高くなること。

❸ アオコ・赤潮　〔¹⁰　　　　　　　〕した湖沼では，プランクトンが異常繁殖し〔¹¹　　　　　　　〕❹(水の華)が発生することがある。また内湾などで河川から多量の〔⁹　　　　　　　〕が流入し〔¹⁰　　　　　　　〕すると，プランクトンが異常増殖し〔¹²　　　❺　〕が発生することがある。〔¹²　　　　　　　〕が発生して水中の酸素が欠乏すると，魚介類の大量死を招く。

C 種多様性と生態系のバランス

　生態系において，生物の種多様性が高いほど，食物網が複雑になる。そのため，ある生物が急激に増減しても生態系の〔²　　　　　　　〕を保つことができ，その影響は一部に留まるがことが多い。一方，種多様性の低い単純な生態系では，影響は生態系内の多くの生物に広がりやすい。

2　人間の活動と生態系

A 外来生物の移入

❶ 外来生物による影響　人間活動によって本来の生息場所から別の場所に移されて定着した生物を〔¹³　　　　　　　〕という。〔¹³❻　　　　　　　〕の中には在来生物を激減させるなど，生態系をかく乱して，種多様性を低下させ生態系に大きな影響を与えている生物がいる。

例　動物：オオクチバス❼，アカゲザル

　　植物：セイヨウタンポポ，セイタカアワダチソウ

❷ 外来生物への対策　〔¹³　　　　　　　〕のうち，生態系や人間の生活に特に大きな影響を及ぼすまたは及ぼすおそれのある生物は〔¹⁴❽　　　　　　　〕に指定され，飼育・栽培・輸入などが原則禁止されている。

B 森林の破壊

　近年，世界の森林は減少している。特に熱帯林は大規模な森林伐採や農地への転用などで減少している。大規模な森林破壊は，地表に生育する植物やその植物に依存する動物を減少させ，種多様性の喪失につながる。

❹アオコは，植物プランクトンのラン藻のなかまが大量発生したもので，湖などの表面が青い粉をまいたような状態となる。

❺赤潮は，植物プランクトンの異常増殖によるもので，プランクトンの種類により赤褐色や茶褐色になる。プランクトンの遺体の分解に大量の酸素が消費されるため，水中の酸素が欠乏し，魚介類に大きな被害をもたらすことがある。

❻在来生物は，もともとその地域に生息していた生物種。

❼オオクチバスは，北アメリカ原産の淡水魚で，スポーツフィッシングや食用として日本では芦ノ湖に初めて放流された肉食魚。モツゴなどの在来生物が捕食されて激減している。

❽アライグマ，ヌートリア，オオクチバスなど。

❾直径5mm以下のプラスチックごみの総称。海洋に長く滞留し，マイクロプラスチックに含まれたり，付着したりした有害物質が生物濃縮により高次消費者に蓄積し，生体に悪影響を及ぼすことがある。

参考 **生体内に蓄積される有害物質**

　特定の物質が，外部の環境や食物に含まれるより高い濃度で生体内に蓄積する現象を〔¹⁵　　　　　　　〕という。生物が分解できない物質が生態系内に入ると，食物連鎖を通じて上位の栄養段階の生物の体内に高濃度で蓄積されて毒性が現れることがある。近年，マイクロプラスチックに含まれる有害物質などの問題も起こっている。

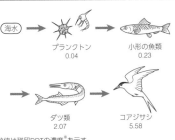

数値は残留DDTの濃度を示す。
※単位はppm (1ppm=100万分の1, ここでは質量の割合を表す)

C 地球温暖化

大気中の水蒸気，二酸化炭素（CO_2），メタン（CH_4），フロンなどの気体を〔^{1}　　　　　　　〕という。これらの気体は，地表面から放射されて宇宙空間に放出されるはずの赤外線を吸収し地表に再放射するため，地表や大気の温度を上昇させる。これを大気による〔^{2}　　　　　〕という。

産業革命以降，石炭や石油などの〔^{3}　　　　　　〕の使用量の増大などで，大気中の〔^{4}　　　　　　　　〕が上昇し（下図左），それに伴って大気の温度が上昇している（下図右）。〔^{1}　　　　　　　　〕は，〔^{5}　　　　　　　　〕を推し進めている。

〔^{5}　　　　　　　　〕によって，〔^{6}　　　　　〕面の上昇や干ばつなどを引き起こすことがある。

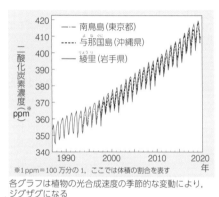

※1ppm＝100万分の1，ここでは体積の割合を表す
各グラフは植物の光合成速度の季節的な変動により，ジグザグになる

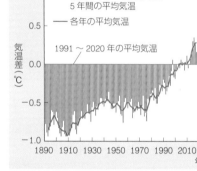

❶二酸化炭素濃度の上昇には，年ごとにジグザグになる季節変動がみられる。これは，夏は植物などの光合成が盛んなため二酸化炭素の吸収量が増加し，濃度が低下するが，冬は光合成が夏ほど盛んではないので，二酸化炭素の吸収量が減少するためである。また，冬は化石燃焼の消費量が増えるのも原因。

3　生態系の保全

A 生態系の保全の重要性

人間が生態系から受けるさまざまな恩恵を〔^{7}　　　　　　　〕という。このサービスを持続的に受けるには，生態系を保全していく必要がある。

B 生物多様性の保全

近年，多くの生物が絶滅したり，絶滅が危惧されたりしている。近い将来絶滅のおそれがある生物を〔^{8}　　　　　　〕といい，それを保護する取り組みも行われている。国際自然保護連合（IUCN）は，〔^{8}　　　　〕をまとめたリスト（レッドリスト）を本の形にした，〔^{9}　　　　　　〕を発行している。

C 生態系と人間社会

人間の活動は生態系に大きな影響を及ぼしている。そこで，生態系に与える影響をなるべく小さくする取り組みが行われている。❷

日本では，一定以上の規模の開発を行う場合，その開発によって生態系に与える影響を事前に調査することが法律によって義務化されている。このような調査を〔^{10}　　　　　　　　〕という。

❷生物多様性条約は，1992年にブラジルで開かれた地球サミット（国連環境開発会議）が契機となって誕生した国際条約で，生物多様性の保護と持続可能な利用を目的としている。
締約国会議をCOPといい，2010年に生物多様性条約第10回締約国会議（COP10）が，日本の愛知県名古屋市で開かれた。

思 考 力 問 題 —

11. 遷 移

　図1は，伊豆の三宅島の各地で植生を観察したときのスケッチである。図2は，三宅島の火山噴火で溶岩流が流れ出した地域と年を示している。

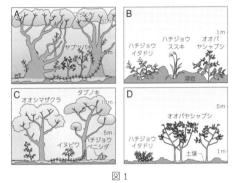

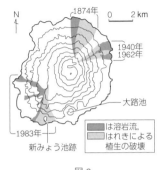

図1　　　　　　　　　　　　　　　　図2

(1) 三宅島の極相はどのバイオームに該当するか。次の①～④のうちから選べ。

　　① 針葉樹林　　② 夏緑樹林　　③ 照葉樹林　　④ 亜熱帯多雨林

(2) 図1のA～Dを，遷移の進行する順に並べ変えよ。

(3) 図1のBは，図2中の何年に溶岩流が流れた土地と推定されるか。

(4) 三宅島の**スケッチからわかる**①先駆植物，②先駆樹種，③極相樹種をそれぞれすべて答えよ。

12. 植生の分布とバイオーム

　相観は，植物の生育条件を左右する気候の主要因である年平均気温と年降水量に依存するため，ある地域のバイオームはその気候に適した相観に一致することになる。図1はさまざまなバイオームの分布を示しており，図2のグ

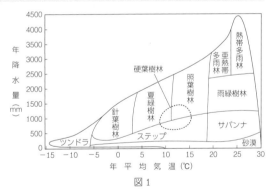

図1

ラフ(ア)～(エ)は，ある地域の年間の気温変化と降水量の変化を示したものである。(ア)～(エ)のバイオームとして最も適当なものを，図1からそれぞれ選べ。

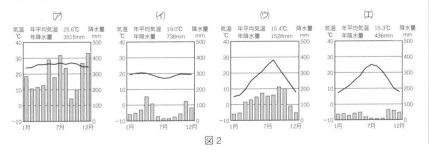

図2

11.

(1)

(2)

(3)

(4) ①

　　②

　　③

12.

(ア)

(イ)

(ウ)

(エ)

13. かく乱と生態系のバランス

次の図は，在来魚であるコイ，フナ類，モツゴ類，およびタナゴ類が生息するある沼に，肉食性（動物食性）の外来魚であるオオクチバスが移入される前と，その後の魚類の生物量（現存量）の変化を調査した結果である。この結果に関する記述として適当なものを，下の①〜⑥のうちから2つ選べ。

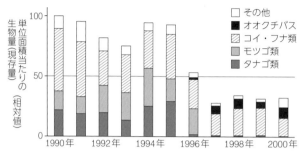

① オオクチバスの移入後，魚類全体の生物量（現存量）は，2000年には移入前の3分の2まで減少した。

② オオクチバスの移入後の生物量（現存量）の変化は，在来魚の種類によって異なった。

③ オオクチバスは，移入後に一次消費者になった。

④ オオクチバスの移入後，沼の生態系の栄養段階の数は減少した。

⑤ オオクチバスの生物量（現存量）は，在来魚の生物量（現存量）の減少がすべて捕食によるものとしても，その減少量ほどには増えなかった。

⑥ オオクチバスの移入後に，魚類全体の生物量（現存量）が減少したが，在来魚の多様性は増加した。　　　　　　　　　　　[21 共通テスト追試]

14. 地球温暖化

図1は大気中の二酸化炭素濃度を1960年から継続的に測定した結果，図2は，冷温帯の岩手県の綾里と，亜熱帯の与那国島の観測点で二酸化炭素の季節変動のパターンを測定した結果である。

図1と図2をふまえて，次の文章中の①〜③の〔　，　〕の語句からそれぞれ適当なものを選べ。

2000〜2010年における大気中の二酸化炭素濃度の増加速度は，1960〜1970年に比べて①〔大きい，小さい〕。また，亜熱帯の与那国島では，冷温帯の綾里に比べて大気中の二酸化炭素濃度の季節変動が②〔大きい，小さい〕。このような季節変動の違いが生じる一因として，季節変動が大きい地域では，一年のうちで植物が盛んに光合成を行う期間が③〔長い，短い〕ことが考えられる。　　　　　　　　　[20 センター試験 改]

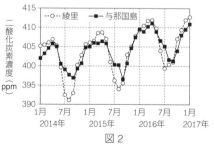

図1

図2

ppm：1ppmは100万分の1。体積の割合を表す。

47 **（森林の立体構造）** 次の図は，関東地方平野部でみられる発達した自然林の鉛直方向の模式図である。下の問いに答えよ。

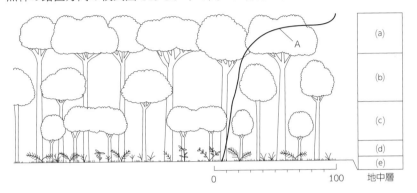

(1) 図では，鉛直方向にいくつかの層がみられる。このような構造を何というか。

(2) 曲線 A のグラフの横軸は何を表したものか。

(3) (a)〜(e)の層の名称として適当なものを次から選べ。
　① 草本層　　② 地表層　　③ 高木層　　④ 低木層　　⑤ 亜高木層

(4) (a)〜(d)の層にみられる植物として適当なものを次から選べ。
　① ベニシダ　　② スダジイ　　③ アオキ　　④ ヤブツバキ

(5) 森林の最上部で，茂った葉が森林の表面をおおっている部分を何というか。

(6) 森林内部の(d)や(e)の層の部分を何というか。

48 **（光の強さと光合成）** 下図は，2 種類の植物ア，イの葉を用いて，光の強さを変化させ，単位面積当たりの二酸化炭素の吸収速度を測定し，その相対値で示した光－光合成曲線である。次の問いに答えよ。

(1) 図中の(a)，(b)の光の強さをそれぞれ何というか。

(2) 図中の(c)，(d)の速度をそれぞれ何というか。

(3) (a)，(b)，(c)ともに低い植物はア，イのどちらか。

(4) 植物ア，イがそれぞれヒサカキかイネであった場合，ヒサカキの光－光合成曲線はア，イのどちらか。

(5) マツ林の林冠の植物の葉と林床の植物の葉とでは，光環境が大きく異なる。林冠と同じような光環境のもとで生育したとき，生育の速い植物は，ア，イのいずれか。

(6) マツ林の林床でも生育できる植物は，ア，イのいずれか。

47

(1)

(2)

(3) (a)

　(b)

　(c)

　(d)

　(e)

(4) (a)

　(b)

　(c)

　(d)

(5)

(6)

48

(1) (a)

　(b)

(2) (c)

　(d)

(3)

(4)

(5)

(6)

49 (植生の遷移) 植生の遷移は，陸上では一般に，①裸地→②荒原→③草原→④先駆樹種の低木林→⑤先駆樹種の多い森林→⑥安定した森林の順に進む。次の(a)～(f)の植物は，伊豆大島の遷移の各段階でみられるものである。あとの問いに答えよ。

(a) ヤシャブシ　　(b) イタドリ　　(c) スダジイ　　(d) シマタヌキラン
(e) ススキ　　　　(f) オオシマザクラ

(1) 遷移段階③～⑥に特徴的な植物を，それぞれ上の(a)～(f)からすべて選べ。
(2) 溶岩流跡地など，土壌がないところから始まる遷移を何というか。
(3) 裸地にはじめに侵入する植物を何というか。
(4) 遷移の後期にみられる⑥のような安定した植生の状態を何とよぶか。
(5) (4)のような遷移の後期にみられる樹種を何というか。
(6) ⑤や⑥の林床でも幼木が生育できる植物を上の(a)～(f)から選べ。
(7) 台風などによる倒木で⑥の林冠が開いて林床に光が届くようになった場所を何というか。
(8) 大きな(7)で速く生育するのは陽樹，陰樹のどちらか。

50 (極相林のかく乱) (a)極相林において，台風などで林冠を形成する樹木が倒れたり，幹や枝が折れたりすることで(b)林冠にすき間ができることがある。この部分では林床まで光が届くようになる。するとこの部分では(c)いろいろな植物の芽生えが生育するようになり，光をめぐる成長競争が起こる。このような(d)林冠のすき間は次々とモザイク状にできる。

(1) 文中の下線部(a)の極相林を形成する樹種を何というか。また，照葉樹林でその樹種に該当する植物を，次の①～④からすべて選べ。
　　① オオバヤシャブシ　　② ブナ　　③ タブノキ　　④ スダジイ
(2) 文中の下線部(b)のすき間を何というか。
(3) 文中の下線部(c)，(d)の結果極相林に混じる樹種は次の①，②のどちらか。
　　① 先駆樹種　　② 極相樹種
(4) 文中の下線部(d)にはどのような意義があるか。10字以内で答えよ。

51 (遷移の進行と環境の変化) 遷移が裸地→草原→低木林→高木林へと進行するにしたがって環境が変化し，生育する植物種も変化してくる。

(1) 次の①～④は，裸地の環境を示している。下線部の環境は，森林になるとどのようになるか。それぞれの[　]の中から適当なものを選べ。
　　① 地表の地質は岩石である→[砂地，腐植層]
　　② 地表面に届く光は強い→[光は強い，光は弱い]
　　③ 地表温度は高温で変化は激しい→[おだやかで安定，低温で変化激しい]
　　④ 地表面は乾燥している→[湿潤，より乾燥]
(2) 次の①～③は，裸地に生育する植物の特徴を示したものである。森林ではどのようになるか。それぞれの[　]の中から適当なものを選べ。
　　① 植物の背丈は低い→[低い，高い]　　② 階層構造は単純→[単純，複雑]
　　③ 種子の散布形式は風散布型→[重力散布型，動物散布型]

49
(1) ③ _____
　　④ _____
　　⑤ _____
　　⑥ _____
(2) _____
(3) _____
(4) _____
(5) _____
(6) _____
(7) _____
(8) _____

50
(1) 樹種… _____
　　植物… _____
(2) _____
(3) _____
(4) _____
　　　　　．

51
(1) ① _____
　　② _____
　　③ _____
　　④ _____
(2) ① _____
　　② _____
　　③ _____

52 (植生の遷移と分布) 次の文を読んで，あとの問いに答えよ。

　陸上での植生の遷移は，火山活動などで新しくできた①裸地から始まる遷移と，②伐採跡地や山火事跡地などから始まる遷移に大別される。両者の大きな違いは遷移の初期段階に土壌があるかどうかである。両方の遷移とも草原から森林へと遷移するが，伐採跡地では萌芽林（切り株から芽がでて，それが成長したもの）を形成することもある。遷移の最終段階の森林を（　a　）といい，安定した状態で続く。しかし，この森林の内部では，台風などで部分的に小規模な破壊が起きて林床に光が届くギャップができており，③そのつど再生される。（　a　）の高木層は葉の連なる（　b　）をつくり，優占種となって，その植生の（　c　）を決定している。（　a　）がどのような森林になるかは気候によって異なり，日本の関東以西の本州・四国・九州の大部分では（　d　）となり，東北地方では（　e　）となる。植生の遷移の速度は気温の低いところほど遅い。

(1) 文中の下線部①の遷移を何というか。

(2) 文中の下線部②の遷移を何というか。

(3) 文中の下線部③を何というか。

(4) 文中の空欄(a)〜(e)に適当な語句を答えよ。

(5) (d)と(e)のバイオームをつくる特徴的な樹木を次からすべて選べ。

　　(ア) ハイマツ　　(イ) ブ　ナ　　(ウ) スダジイ　　(エ) アラカシ

　　(オ) ミズナラ　　(カ) アカマツ　　(キ) エゾマツ　　(ク) シラビソ

53 (遷移のしくみ) 遷移のしくみに関する文として**誤っているもの**を1つ選べ。

① 遷移の進行に伴って，林床の温度変化はおだやかになって安定する。

② 遷移が進むにしたがって，階層構造は単純になる。

③ 遷移が進むにしたがって，林床の光の強さは弱くなる。

④ 遷移が進むにしたがって，林床は湿潤になる。

⑤ 遷移が進むにしたがって，土壌の腐植層は発達する。

⑥ 遷移が進むにしたがって，植物の最大の高さは高くなる。

⑦ 遷移が進むにしたがって，重力散布型の種子が多くなる。

54 (二次的な遷移) 台風などによって森林が大きく破壊された場合，大規模な（　ア　）ができ，その場所の相観が(a)荒原や（　イ　）となって再び遷移が始まることがある。このような遷移を（　ウ　）という。その遷移の速度は一次遷移に比べてかなり速く進行する。

(1) 文中の空欄に(ア)〜(ウ)に適当な語句を答えよ。

(2) 文中の(ウ)の遷移が，一次遷移に比べてかなり速く進行するのはなぜか。15字以内で説明せよ。

(3) 日本付近において，文中の下線部(a)に侵入する先駆植物は何か。可能性のあるものを，次の①〜⑤からすべて選べ。

　　① ススキ　　② 地衣類　　③ スイセン　　④ イタドリ　　⑤ コケ植物

(4) 日本の照葉樹林では極相樹種となるものを，次の①〜⑤からすべて選べ。

　　① スダジイ　　② コルクガシ　　③ ブナ　　④ ミズナラ　　⑤ ヤシャブシ

52
(1)
(2)
(3)
(4) (a)
　(b)
　(c)
　(d)
　(e)
(5) (d)
　(e)

53

54
(1) (ア)
　(イ)
　(ウ)
(2)
(3)
(4)

55 （バイオームの分布） 右図は気温・降水量とバイオームとの関係を示したものである。次の問いに答えよ。

(1) 気温が高くなるのは，図の a, b のうちどちらか。

(2) 図の(A)〜(J)にあてはまるものを，それぞれ次の①〜⑪から選べ。

① 照葉樹林　　② 亜熱帯多雨林
③ 熱帯多雨林　④ 夏緑樹林
⑤ 雨緑樹林　　⑥ 砂　漠　　⑦ 硬葉樹林　　⑧ 針葉樹林
⑨ ステップ　　⑩ サバンナ　⑪ ツンドラ

(3) 次の文は，図の(A)〜(J)のどのバイオームを説明したものか。

(a) 雨季と乾季の交代する季節風帯に発達し，乾季に落葉する樹林。

(b) 年平均気温が 25 ℃を超える高温多雨の地域で，常緑広葉樹の密林は発達し，つる植物も多い。

(c) 木本は生育せず，イネ科植物を主体とする。

(d) 気候帯は寒帯に属し，樹木はみられず，地衣類やコケ植物を主体とする。

(e) おもにイネのなかまの草本からなり，木本が点在する。植物食性の大形の哺乳類が最も豊富。

(f) 耐寒性の高いトウヒやモミ類が優占し，場所によっては落葉性のカラマツ類もみられる。低木層や草本層はあまり発達しない。

56 （日本のバイオームの分布） 次の図は，日本のバイオーム(A)〜(E)の分布を示したものである。ア〜エは，隣接するバイオームの境界線を示している。あとの問いに答えよ。

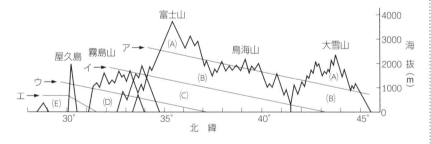

(1) 図の(A)〜(E)に該当するバイオームの名称を答えよ。

(2) 本州中部の高山での垂直分布としてとらえたとき，(B), (C), (D)は，それぞれ何帯とよばれるか。それらの名称を答えよ。

(3) 図のバイオーム(C)〜(E)を代表する植物を，次の(ア)〜(シ)から 2 つずつ選べ。

(ア) イタヤカエデ　(イ) コメツガ　(ウ) シラビソ　(エ) タブノキ
(オ) ヘ　ゴ　　　　(カ) チーク　　(キ) コケモモ　(ク) シラカシ
(ケ) ビロウ　　　　(コ) オリーブ　(サ) コマクサ　(シ) ブナ

(4) 図のア〜エのうち，森林限界を示すのはどれか。

(5) 図でア〜エの線が右下がりになっている理由を 25 字以内で説明せよ。

55
(1) _____
(2) (A) _____ (B) _____
    (C) _____ (D) _____
    (E) _____ (F) _____
    (G) _____ (H) _____
    (I) _____ (J) _____
(3) (a) _____ (b) _____
    (c) _____ (d) _____
    (e) _____ (f) _____

56
(1) (A) _____
    (B) _____
    (C) _____
    (D) _____
    (E) _____
(2) (B) _____
    (C) _____
    (D) _____
(3) (C) _____
    (D) _____
    (E) _____
(4) _____
(5) _____
    _____
    _____

57 **(鉛直方向のバイオームの分布)** 日本の中部地方におけるバイオームの鉛直方向の分布を示すと右図のようになる。また，(A)と(B)の境界には森林限界が存在する。

(1) (A)～(D)の区分をそれぞれ何というか。また，そこに分布しているバイオーム名を答えよ。

(2) 次の植物は，それぞれ図(A)～(D)のどのバイオームに生育しているか。

　(ア) クスノキ　　(イ) ハイマツ　　(ウ) ミズナラ

　(エ) シラビソ　　(オ) ヤブツバキ

　(カ) ブ　ナ

(A)

2500 m

(B)

1700 m

(C)

700 m

(D)

58 **(生態系)** 図は，生態系の構成要素を示したものである。次の問いに答えよ。

(1) 図中の(A)に適切な用語を答えよ。

(2) 図中の(B)，(C)，(D)に該当する生物をそれぞれ次の①～⑤から選べ。

生　態　系

(A)　光　温　度　大　気　土　壌　水　(ア)　(イ)

生　物

生産者 (B)

消費者 (C) 食物 (D)

食物

枯死体

遺体・排出物

菌類・細菌 (分解者)

　① 動物食性動物

　② 菌　類　　③ 植物食性動物　　④ 植　物　　⑤ 哺乳類

(3) 図中の矢印(ア)，(イ)に適切な用語をそれぞれ答えよ。

59 **(食物連鎖と生態ピラミッド)** 生態系内の生物は，その栄養段階によって次のように分けられ，矢印で示した食物連鎖の関係がある。

　　〔 (a) 〕 → 〔 (b) 〕 → 〔 (c) 〕 → 〔 (d) 〕 (三次消費者)

(1) 上の〔 〕に適するものを，次のA群・B群からそれぞれ1つずつ選べ。

　[A群]　(ア) 植　物　　(イ) 大形動物食性動物　　(ウ) 植物食性動物

　　　　　(エ) 小形動物食性動物

　[B群]　(オ) バッタ　　(カ) ススキ　　(キ) タ　カ　　(ク) カエル

(2) (a)～(d)の生物体の総量で表した生態ピラミッドを何というか。

(3) (a)～(d)の生物個体数で表した生態ピラミッドを何というか。

発▶(4) (a)～(d)を一定期間に生物が獲得するエネルギー量で表した生態ピラミッドを何というか。

(5) 安定な生態系において，(a)～(d)の生物量の関係は一般的にどうなるか。等号（＝）または不等号（＜＞）を用いて記せ。

発▶(6) (a)の①純生産量，②成長量を示す式を次からそれぞれ選べ。

　(ア) 総生産量－成長量　　　　(イ) 総生産量－呼吸量

　(ウ) 総生産量＋枯死量　　　　(エ) 純生産量－枯死量－被食量

　(オ) 総生産量－枯死量－被食量

57

(1) (A)

　(B)

　(C)

　(D)

(2) (ア)　　　　(イ)

　(ウ)　　　　(エ)

　(オ)　　　　(カ)

58

(1)

(2) (B)

　(C)

　(D)

(3) (ア)

　(イ)

59

(1) (a)

　(b)

　(c)

　(d)

(2)

(3)

(4)

(5)

(6) ①　　　　　②

60 (生態系の物質収支)　図は，ある生態系における各栄養段階の有機物の収支を示したものである。次の問いに答えよ。

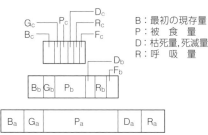

B：最初の現存量
P：被　食　量
D：枯死量，死滅量
R：呼　吸　量

(1) 図の(A)～(C)の栄養段階をそれぞれ何というか。

(2) 記号 G と F は，それぞれ何を示しているか。図中の B ～ R にならって答えよ。

[発展]▶(3) (A)の①純生産量と，②総生産量をそれぞれ B_a ～ R_a の記号を使って示せ。

[発展]▶(4) (B)の同化量を，B_b ～ F_b を使って示せ。

[発展]▶(5) F_b に対して F_c は一般的に少ない。その理由を答えよ。

61 (種の多様性の維持)　ある海域にはジャイアントケルプ(コンブの一種)の森がある。ここにはウニ，多くの魚類，甲殻類，ラッコ，アザラシなど多くの生物が生息していた。この海域において，ラッコの数が激減すると，ウニが爆発的に増え，ジャイアントケルプがなくなり，魚や甲殻類，アザラシまで姿を消してしまった。

(1) この生態系のキーストーン種と考えられる動物は何か。

(2) ラッコの激減によって，捕食・被食の関係がないアザラシがいなくなった。このような，ある生物の存在が捕食・被食の関係で直接つながっていない生物に対して影響を与えることを何というか。

62 (河川の浄化)　次の文章を読み，あとの問いに答えよ。

　図は，ある河川の上流(矢印⇩)で有機物を多量に含む汚水が常時流入したときにみられる，溶存酸素と溶存有機物(図1)，生物相(図2)，無機塩類の濃度(図3)，の上流から下流への川の流れに沿った変化を示したものである。

図1
高↑低
(a)
(b)

図2
高↑低
(c)
(d)
(e)

図3
高↑低
アンモニウムイオン(NH_4^+)
硝酸イオン(NO_3^-)
リン酸イオン(PO_4^{3-})

上流　　　→　　　下流

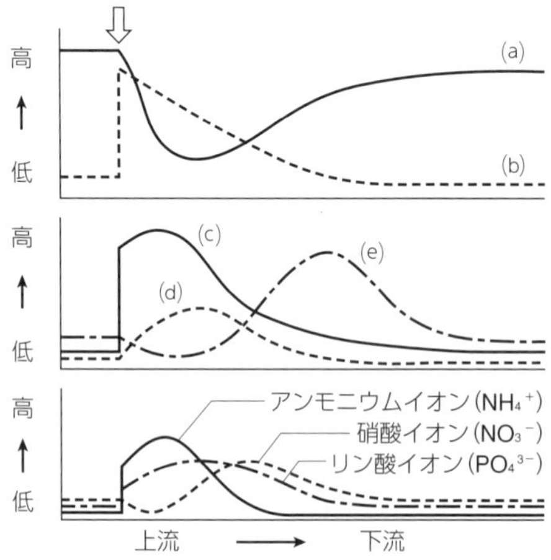

(1) 図1の(a)と(b)のうち，溶存酸素の変化を示したものはどちらか。

(2) 図2の(c)～(e)のうち，(A)細菌，(B)原生動物，(C)藻類の変化を示したものは，それぞれどれか。

(3) 下流にいくにしたがって有機物が流入する以前の水質にもどっていることがわかる。このような河川のもつ作用を何というか。

(4) 細菌の活動によって直接的に増加する無機塩類は何か。次から選べ。
① 硝酸イオン　　② アンモニウムイオン　　③ リン酸イオン

60
(1) (A)
　(B)
　(C)
(2) G…
　F…
(3) ①
　②
(4)
(5)

61
(1)
(2)

62
(1)
(2) (A)
　(B)
　(C)
(3)
(4)

63 **（二酸化炭素の増加）** 図は，ハワイのある観測所でCO_2濃度を連続測定した結果である。次の問いに答えよ。

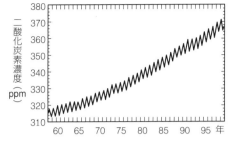

(1) 地球上のCO_2濃度が図のように上昇するおもな要因を2つ答えよ。

(2) 図のように，CO_2濃度は年ごとに周期的に変動しており，夏季は減少して，冬季に増加する。その原因として考えられることを答えよ。

(3) CO_2濃度の増加によって，地球規模で懸念されている現象は何か。

(4) (3)の効果をもつ気体を何というか。また，CO_2以外のそのような気体の例を3つ答えよ。

64 **（森林の減少）** 熱帯林に関する次の文章を読み，あとの問いに答えよ。

熱帯林では，毎年，日本の本州の3分の2程度の(a)熱帯林が減少している。熱帯林を含む森林の減少のため，全陸地面積の約41%に相当する土地が(b)砂漠化の影響を受けている。

(1) 文中の下線部(a)の原因として**誤っているもの**を，次の①～⑤から選べ。

①　過度の伐採　　②　森林の放牧地への転用　　③　焼畑農業

④　森林の大規模な火災　　⑤　熱帯林の高齢化

(2) 文中の下線部(b)の原因として**誤っているもの**を，次の①～④から選べ。

①　不適切なかんがい　　②　過放牧

③　樹木の伐採　　④　フロンの排出

65 **（有害物質の生体内での濃縮）** 植物および動物プランクトン，スズキ（海水魚）のダイオキシン類濃度をある湾で調査したところ，下表のような結果が得られた。次の問いに答えよ。

(1) (a)植物プランクトン，(b)動物プランクトンは，それぞれ生態系における役割から何とよばれるか。

試　料	ダイオキシン類濃度 （pg-TEQ/g）
植物プランクトン	0.008
動物プランクトン	0.207
スズキ	2.092

pg-TEQ は毒性の強さを表す指標。濃度の数値は生物体の単位湿重量（g）当たりに換算した平均値

(2) 動物プランクトンとスズキの食物連鎖の間に入る生物として適当なものを，次の①～③から選べ。

①　マグロ　　②　マイワシ

③　イソギンチャク

(3) スズキは次のどれに相当するか。

①　一次消費者　　②　二次消費者　　③　三次以上の消費者

(4) 表のダイオキシンのように，特定の物質が高次の栄養段階に進むにしたがって高濃度になる現象を何というか。

63

(1)

(2)

(3)

(4) 名称…

　例…

64

(1)

(2)

65

(1) (a)

　(b)

(2)

(3)

(4)

● 索　引 ●

あ

- アオコ　91
- 赤潮　91
- アーキア　11
- 亜高山帯　85
- 亜高木層　74
- アデニン　33
- アデノシン　17
- アデノシン三リン酸　17
- アデノシン二リン酸　17
- アドレナリン　52, 56
- アナフィラキシーショック　65
- 亜熱帯多雨林　83, 84
- アミノ酸　40
- RNA　42
- R菌　35
- アレルギー　65
- アレルゲン　65
- アンチコドン　42
- 異化　16
- 一次応答　64
- 一次消費者　86
- 遺伝暗号表　43
- 遺伝子　32
- 遺伝情報　32
- 陰樹　77
- インスリン　52, 56
- 陰生植物　75
- ウラシル　41
- 雨緑樹林　83
- 運動エネルギー　17
- 運動神経　50
- HIV　65
- 栄養塩類　91
- 栄養段階　88
- 液胞　12
- S型菌　35
- S期　36
- ATP　11, 17
- ADP　17
- mRNA　42
- M期　36
- 塩基　33
- 塩基対　33
- 塩基配列　34
- 炎症　61

か

- 延髄　50
- 温室効果　92
- 温室効果ガス　92
- 温帯草原　83
- 開始コドン　43
- 階層構造　74
- 外分泌腺　52
- 外来生物　91
- 化学エネルギー　17
- 核　12
- 角質層　61
- 核小体　14
- 獲得免疫　61
- かく乱　90
- 風散布型　79
- 仮説　6
- カタラーゼ　22
- 活性部位　22
- 夏緑樹林　83, 84
- 感覚器官　50
- 感覚神経　50
- 間期　36
- 環境アセスメント　92
- 環境形成作用　86
- 乾性遷移　78
- 間接効果　89
- 乾燥荒原　83
- 寒地荒原　83
- 間脳　51
- 記憶細胞　64
- 基質　22
- 基質特異性　22
- キーストーン種　89
- ギャップ　80
- 吸収　16
- 胸腺　60
- 極相　77
- 極相樹種　76, 80
- キラーT細胞　63
- 菌類　86
- グアニン　33
- グリコーゲン　55, 56
- グリフィス　35
- グルカゴン　52, 56
- グルコース　55, 56
- クロロフィル　20

さ

- 形質細胞　63
- 形質転換　35
- 系統　10
- 系統樹　10
- 血液　54
- 血液凝固　59
- 血しょう　54, 59
- 血小板　59
- 血清療法　65
- 血糖　55
- 血糖濃度　55
- 血ぺい　59
- 原核細胞　13
- 原核生物　13
- 顕微鏡　7
- 高エネルギーリン酸結合　17
- 光学顕微鏡　13
- 交感神経　51
- 後期　38
- 荒原　76, 82
- 抗原提示　62
- 光合成　20
- 光合成速度　75
- 高山草原　85
- 高山帯　85
- 鉱質コルチコイド　52
- 恒常性　54
- 甲状腺　52
- 甲状腺刺激ホルモン　52
- 酵素　22
- 抗体　64
- 好中球　61
- 高木層　74
- 呼吸　18
- 呼吸速度　75
- 呼吸量　89
- 枯死量　89
- 個体数ピラミッド　88
- 骨髄　60
- 固定　8
- コドン　42
- ゴルジ体　14

- 細菌　11
- 再現性　6
- 最適温度　23

- 最適pH　23
- サイトゾル　12
- 細胞　11
- 細胞骨格　14
- 細胞質　12
- 細胞質基質　12
- 細胞周期　36
- 細胞性免疫　64
- 細胞壁　12
- 細胞膜　12
- 砂漠　83
- サバンナ　83
- 作用　86
- 自己免疫疾患　65
- 視床下部　51
- 自然浄化　90
- 自然免疫　60
- G₂期　36
- 湿原　78
- 湿性遷移　78
- シトシン　33
- 死滅量　89
- 種　10
- 終期　38
- 終止コドン　43
- 従属栄養生物　21
- 重力散布型　79
- 樹状細胞　61
- 受精卵　32
- 種多様性　87
- 受容器　50
- 受容体　53
- 純生産量　89
- 小脳　51
- 消費者　86
- 小胞体　15
- 照葉樹林　83, 84
- 食細胞　60
- 食作用　61, 63
- 植生　74
- 植生遷移　76
- 触媒　22
- 植物細胞　12
- 食物網　88
- 食物連鎖　88
- 自律神経系　50
- G₁期　36
- 進化　10, 32

□ 真核細胞	12	
□ 真核生物	11, 12	
□ 神経系	50	
□ 神経細胞	50	
□ 針葉樹林	83, 84	
□ 森林	82	
□ 森林限界	85	
□ すい臓	52, 55	
□ 垂直分布	85	
□ 水平分布	84	
□ ステップ	83	
□ 生産者	86	
□ 生産力ピラミッド	88	
□ 生殖細胞	32	
□ 生態系	86	
□ 生態系サービス	92	
□ 生態系多様性	87	
□ 生態ピラミッド	88	
□ 成長ホルモン	52	
□ 成長量	89	
□ 生物群系	82	
□ 生物多様性	87	
□ 生物濃縮	91	
□ 生物量ピラミッド	88	
□ 接眼ミクロメーター	8	
□ 赤血球	59	
□ 絶滅	89	
□ 絶滅危惧種	92	
□ 遷移	76, 82	
□ 先駆樹種	76	
□ 先駆植物	76	
□ 染色	8	
□ 染色体	36	
□ 線溶	59	
□ 相観	74, 82	
□ 草原	76, 82	
□ 総生産量	89	
□ 相補性	33	
□ 草本	75	
□ 草本層	74	
□ 組織液	54	

た

□ 体液	54
□ 体液性免疫	64
□ 代謝	16
□ 体内環境	54
□ 大脳	51
□ 対物ミクロメーター	8
□ タンパク質	15, 40
□ チェイス	35

□ 地球温暖化	92
□ 地表層	74
□ チミン	33
□ 中期	38
□ 中心体	15
□ 中枢神経系	50
□ 中脳	51
□ チラコイド	20
□ チロキシン	52, 53
□ 追試	6
□ ツンドラ	83
□ tRNA	42
□ DNA	11
□ T細胞	60
□ 低木層	74
□ 低木林	76
□ デオキシリボース	33
□ 適応免疫	61
□ 電子顕微鏡	13
□ 電子伝達系	19
□ 転写	41
□ 糖	33
□ 同化	16
□ 同化量	89
□ 糖質コルチコイド	52
□ 糖尿病	57
□ 動物細胞	12
□ 動物散布型	79
□ 洞房結節	52
□ 特異性	62
□ 特定外来生物	91
□ 独立栄養生物	21
□ 土壌	76

な

□ 内分泌系	50
□ 内分泌腺	52
□ 内膜	19
□ ナチュラルキラー細胞	60, 62
□ 二次応答	64
□ 二次消費者	86
□ 二次遷移	81
□ 二重らせん構造	34
□ ニューロン	50
□ ヌクレオチド	33
□ ヌクレオチド鎖	33
□ 熱エネルギー	17
□ 熱帯草原	83
□ 熱帯多雨林	83
□ 燃焼	18

□ 粘膜	61
□ 脳	50
□ 脳下垂体	52

は

□ パイオニア植物	76
□ バイオーム	82
□ ハーシー	35
□ バソプレシン	52, 58
□ 白血球	59
□ パラトルモン	52
□ 半保存的複製	36
□ 光エネルギー	17
□ 光-光合成曲線	75
□ 光飽和点	75
□ 光補償点	75
□ B細胞	60, 63
□ 被食	88
□ 被食者	88
□ 被食量	89
□ ヒト免疫不全ウイルス	65
□ 標的細胞	53
□ 日和見感染	65
□ 貧栄養湖	78
□ フィブリン	59
□ 富栄養化	91
□ 富栄養湖	78
□ 副交感神経	51
□ 副腎	52
□ 副腎皮質刺激ホルモン	52
□ 不消化排出量	89
□ 物理的・化学的防御	61
□ 負のフィードバック	53
□ 分解者	86
□ 分解能	7
□ ペースメーカー	52
□ ペプチド結合	40
□ ヘモグロビン	40
□ ヘルパーT細胞	63
□ 鞭毛	13
□ 放出ホルモン	52
□ 放出抑制ホルモン	52
□ 捕食	88
□ 捕食者	88
□ ホメオスタシス	54
□ ホルモン	52
□ 翻訳	41

ま

□ マクロファージ	60, 61
□ 末しょう神経系	50
□ マトリックス	19
□ ミトコンドリア	12
□ 免疫	60
□ 免疫寛容	62
□ 免疫記憶	64
□ 免疫グロブリン	63, 64
□ 免疫療法	65

や

□ 優占種	74
□ 陽樹	77
□ 陽生植物	74
□ 葉緑体	12
□ 予防接種	65

ら

□ 裸地	76
□ ランゲルハンス島	52, 55
□ リソソーム	15
□ リゾチーム	61
□ リボース	41
□ リボソーム	15
□ 林冠	74
□ リン酸	33
□ 林床	74
□ リンパ液	54
□ リンパ球	60
□ レッドデータブック	92

わ

□ ワクチン	65

ゼミノート生物基礎

[編集協力者]
　矢嶋正博
[表紙デザイン]
　株式会社クラップス

ISBN978-4-410-13354-1
〈編著者との協定により検印を廃止します〉

編　者　数研出版編集部
発行者　星野泰也
発行所　**数研出版株式会社**
　　　　〒101-0052　東京都千代田区神田小川町 2 丁目 3 番地 3
　　　　　　　　　　　〔振替〕00140-4-118431
　　　　〒604-0861　京都市中京区烏丸通竹屋町上る大倉町 205 番地
　　　　　　　　　　　〔電話〕代表 (075)231-0161
ホームページ　https://www.chart.co.jp
印刷　創栄図書印刷株式会社

乱丁本・落丁本はお取り替えいたします。　　　　　　　★★★ 221001
本書の一部または全部を許可なく複写・複製すること，
および本書の解説書，解答書ならびにこれに類するもの
を無断で作成することを禁じます。

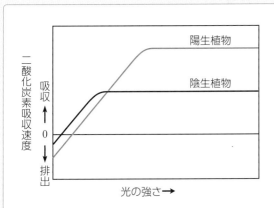

▲**陽生植物と陰生植物**　陽生植物は強い光のもとで光合成速度が大きく，日なたでの成長が速い。陰生植物は，弱い光のもとでも生活できる。

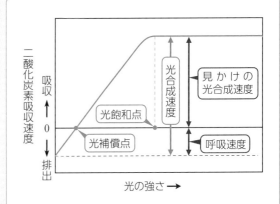

▲**光の強さと光合成速度**　光の強さが増すと，一般に呼吸速度は小さくなるが，ここでは変わらないものとして示した。

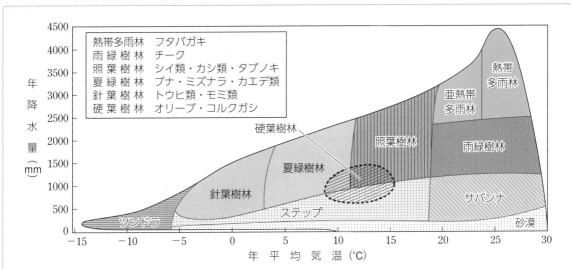

熱帯多雨林　フタバガキ
雨緑樹林　チーク
照葉樹林　シイ類・カシ類・タブノキ
夏緑樹林　ブナ・ミズナラ・カエデ類
針葉樹林　トウヒ類・モミ類
硬葉樹林　オリーブ・コルクガシ

▲**気温・降水量とバイオームの関係**　植生は相観によって森林，草原，荒原に分けられる。各バイオームの境界は連続的に変化している。

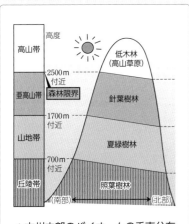

▲**本州中部のバイオームの垂直分布**

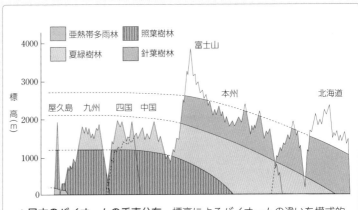

▲**日本のバイオームの垂直分布**　標高によるバイオームの違いを模式的に示している。

年　代	人　名（国名）	業　績（『』内は著書）
前4世紀	アリストテレス（ギ）	動物の分類・観察を行い，生物学の最初の体系化を行った。生物学の創始，動物学の祖。
前4世紀	テオフラストス（ギ）	植物の分類・観察を行った。植物学の祖。
2世紀	ガレノス（ギ）	古代医学の体系化。近世に至るまでの医学の権威。循環系について誤った考えをもつ。
15世紀	レオナルド ダ ヴィンチ（伊）	人体解剖や化石の研究を行った。
1543	ベサリウス（ベ）	『人体の構造』を著し，ガレノスの誤りを指摘し，解剖学を一新。
1590ごろ	ヤンセン父子（蘭）	はじめて顕微鏡を作製。
1628	ハーベイ（英）	血液の循環を実験的に証明。実験医学の祖。〔1651：『動物発生論』を著し，後成説を提唱〕
1648	ファン ヘルモント（ベ）	植物の成長の実験を行い，成長の原因は土の養分ではなく水であると結論（死後出版された著書に記載）。
1661	マルピーギ（伊）	カエルの肺で，毛細血管内の血液循環を発見。
1665	フック（英）	『ミクログラフィア』を著し，コルクを構成する小部屋を細胞（cell）と命名。〔1660：弾性力に関するフックの法則〕
1674	レーウェンフック（蘭）	原生動物・細菌を発見。〔1677：ヒトの精子を発見〕
1749	ビュフォン（仏）	『博物誌』を著して，生物進化を示唆し，自然発生を主張。
1765	スパランツァーニ（伊）	自然発生説を否定。〔1780：イヌの人工受精。1783：胃液の消化作用についての実験〕
1774	プリーストリー （英）	植物体が燃焼や動物の呼吸に必要な気体をつくることを発見。
1777	ラボアジェ （仏）	呼吸が燃焼と同じ現象であることを発見。
1779	インゲンホウス（蘭）	光合成を研究し，植物の緑色部が光を受けたとき，酸素を発生することを発見。
1796	ジェンナー （英）	種痘法を発見。
1804	ソシュール（ス）	光合成に二酸化炭素が利用されることを発見。
1831	ブラウン（英）	細胞の核を発見。
1838	シュライデン（独）	植物について，細胞説を提唱。
1839	シュワン（独）	動物について，細胞説を提唱。〔1837：発酵や腐敗の原因は微生物であると主張〕
1840	リービッヒ（独）	『植物化学』を著し，植物が無機栄養で育つことを発見。〔1842：『動物化学』を著し，有機化学を動物生理と結合した〕
1855	ベルナール（仏）	肝臓がグリコーゲンをつくることを発見。〔1865：『実験医学序説』を著し，生物学の実験的研究の方法論を記述〕
1858	フィルヒョー （独）	『細胞病理学』を著し，すべての細胞は細胞分裂によって生じることを提唱。
1860	パスツール（仏）	発酵の研究。〔1861：微生物の自然発生説を実験的に否定。1885：狂犬病ワクチンを完成〕
1865	メンデル（オ）	遺伝因子の分離を発見（当時は認められなかった）。
1869	ミーシャー （ス）	ヒトの白血球の核がDNAを含むことを発見。
1876	コッホ（独）	炭そ病の病原菌を発見。伝染病の原因を解明。〔1882：結核菌を発見。1883：コレラ菌を発見〕
1883	メチニコフ（露）	白血球による細菌などの食作用を発見。
1889	北里柴三郎（日）	破傷風菌を発見。〔1894：ペスト菌を発見〕

新課程

ゼミノート生物基礎

教科書の整理から共通テストまで

解答編

数研出版

https://www.chart.co.jp

序章　探究活動

空欄の解答　*p.6〜9*

●*p.6〜7*

1 情報　**2** 仮説　**3** 追試　**4** 再現　**5** 結論

6 レポート　**7** アーム　**8** 鏡台　**9** 接眼　**10** 対物

11 平面　**12** 凹面　**13** ステージ　**14** 近　**15** 調節

16 遠　**17** しぼり　**18** レボルバー

●*p.8〜9*

1 スライドガラス　**2** カバーガラス　**3** ろ紙　**4** 反射鏡

5 しぼり　**6** 接眼　**7** 対物　**8** 10　**9** 7　**10** 20

11 3.5

重要実験①　**1** 4.5　**2** 45

解説 **1** 対物ミクロメーターの9目盛り(1目盛りは10μm)と，接眼ミクロメーターの20目盛りが一致しているから，

接眼ミクロメーターの1目盛り

$$= \frac{9 \text{目盛り} \times 10 \mu\text{m}/\text{目盛り}}{20 \text{目盛り}}$$

$$= 4.5 \mu\text{m}/\text{目盛り}$$

2 試料の長径は接眼ミクロメーターの10目盛り分であるから，

試料の長径 = 4.5 μm/目盛り × 10 目盛り

= 45 μm

第1章　生物の特徴

空欄の解答　*p.10〜23*

●*p.10〜11*

1 種　**2** 胎生　**3** 母乳　**4** あり　**5** ひれ　**6** 四肢

7 えら　**8** 肺　**9** 肺　**10** 胎生　**11** なし　**12** あり

13 進化　**14** 系統　**15** 系統樹　**16** 細菌

17 アーキア　**18** 真核生物　**19** 細胞　**20** ATP

21 DNA

●*p.12〜13*

1 核　**2** 真核細胞　**3** 真核生物　**4** DNA　**5** 細胞質

6 細胞膜　**7** 細胞壁　**8** ミトコンドリア　**9** 葉緑体

10 サイトゾル(細胞質基質)　**11** 液胞　**12** 原核細胞

13 原核生物　**14** 鞭毛　**15** 細胞壁　**16** 細胞膜

17 DNA　**18** 核膜　**19** 細胞小器官　**20** ＋　**21** ＋

22 －　**23** ＋　**24** ＋　**25** ＋　**26** ＋　**27** ＋　**28** ＋

29 －　**30** ＋　**31** ＋　**32** ＋　**33** －　**34** －　**35** ＋

重要実験②　**1** オオカナダモの葉

2 タマネギのりん葉表皮　**3** ヒトの口腔上皮

4 B，C　**5** 核　**6** 葉緑体

解説 **1〜4** Aは葉緑体がたくさん詰まり，細胞壁をもっているのでオオカナダモの葉の細胞である。染色された核は見えないので，無染色で観察したものと判断できる。

　　Bは長方形の細胞で，染色された明瞭な核や細胞壁が見えるのでタマネギのりん葉の表皮細胞を酢酸オルセイン液で染色したものであると判断できる。

　　Cは細胞壁がないので動物細胞である。また，染色された核も見えるので，ヒトの口腔上皮細胞を酢酸オルセイン液で染色したものであると判断できる。

●*p.14〜15*

1 核小体　**2** 呼吸　**3** ATP　**4** 光合成　**5** 細胞質

6 サイトゾル(細胞質基質)　**7** タンパク質

●*p.16〜17*

1 代謝　**2** 同化　**3** 吸収　**4** 異化　**5** 放出　**6** 光

7 化学　**8** 運動　**9** 熱　**10** ATP　**11** アデノシン

12 3　**13** 高エネルギーリン酸　**14** ADP

15 呼吸(異化)

●*p.18〜19*

1 呼吸　**2** 酸素(O_2)　**3** 二酸化炭素(CO_2)　**4** ADP

5 ATP　**6** ミトコンドリア　**7** 燃焼　**8** 熱　**9** 呼吸

10 内膜　**11** マトリックス

12 サイトゾル(細胞質基質)　**13** ピルビン酸

14 クエン酸　**15** 電子伝達

●*p.20〜21*

1 光合成　**2** 葉緑体　**3** ATP　**4** 化学
5 二酸化炭素（CO₂）　**6** チラコイド　**7** クロロフィル
8 ストロマ　**9** カルビン　**10** ATP　**11** 光
12 水（H₂O）　**13** ATP　**14** 有機物　**15** 呼吸
16 エネルギー　**17** 独立栄養　**18** 従属栄養

●p.22～23
1 触媒　**2** 酵素　**3** タンパク質　**4** DNA　**5** 酸素
6 カタラーゼ　**7** 基質　**8** 基質特異性　**9** 活性部位
10 ミトコンドリア　**11** 葉緑体　**12** 最適温度
13 最適 pH

重要実験③ **1** ②，③，④
2 火のついた線香を試験管の口に近づける。
3 $2H_2O_2 \longrightarrow 2H_2O + O_2$
4 カタラーゼ　**5** 発生しない。
6 酵素が熱ではたらきを失ったから。

解説 カタラーゼは多くの生物の細胞に含まれ，特に肝臓に多い。カタラーゼの反応速度は，酵素の中でも最も速いものの一つであり，酵素の実験によく用いられる。
1 カタラーゼも酸化マンガン（Ⅳ）も，過酸化水素を水と酸素に分解する反応を促進させる触媒作用をもつ。
2 火のついた線香を近づけると，酸素の発生量が多い場合は線香が激しく燃え，酸素の発生量が少ない場合は線香の炎が明るくなる。
5・6 肝臓片を煮沸すると酵素（カタラーゼ）の本体であるタンパク質が変化し失活するので，過酸化水素は分解されず，酸素は発生しない。

思考力問題 *p.24～25*

1. ① (b)　② (a)　③ (c)　④ (e)　⑤ (d)　⑥ (f)

解説 問題で扱っている細胞は，ほとんどの教科書で取りあげられている代表的な細胞のスケッチである。
① 細胞壁はあるが核がみられず，倍率から小形の細胞であることがわかるので，原核細胞と考えられる。また，小形で球形の細胞が連なっているので，原核生物のイシクラゲと考えられる。イシクラゲは，校庭の隅などで地面にへばりついて生えている。乾燥しているときは黒っぽい色をしているが，水につけると薄い緑色になる。
② 細胞壁がないので動物細胞であり，うっすらと核が見える。このスケッチはヒトの口腔上皮細胞のものである。
③ 細胞壁のある長形の細胞が密に並んでおり，葉緑体はみられないので，無染色で観察したタマネギのりん葉細胞と考えられる。
④ 細胞壁をもつ比較的大きな細胞で，細胞内部に大きなデンプン粒が観察されているので，バナナの細胞と考えられ

る。
⑤ 細胞壁のある細胞が密に並び，内部に多数の葉緑体が観察できるので，オオカナダモの細胞と考えられる。
⑥ 球形で細胞壁をもたない比較的大形の細胞なので，ウニの卵と考えられる。

2. (1) 脊椎をもつ
(2) (A) (オ)　(B) (エ)　(C) (ア)　(D) (ウ)　(E) (イ)
(3) ・胎生　・母乳あり

解説 (1) 表より，(A)～(E)のどの動物も脊椎をもっていることがわかる。したがって，脊椎動物の共通する特徴は脊椎をもつことといえる。
(2) (A)は，胎生で母乳ありとなっていることから(オ)哺乳類と判断できる。(B)は，肺呼吸・卵生で母乳なし，四肢が翼となっていることから，(エ)鳥類とわかる。四肢が（翼）となっていなければは虫類と区別できない。(C)は，運動器がひれ，呼吸器官はえらとなっているので，(ア)魚類である。(D)は，(B)とは運動器が四肢（翼）となっていないことだけが異なっている。この条件にあてはまるのは，(ウ)は虫類である。(E)は，運動器がひれと四肢，呼吸器官がえら・肺・皮膚となっているので，(イ)両生類とわかる。両生類の幼生は水中生活を行うためえら呼吸をする。また，運動器は魚類と同様にひれである。成体になると四肢で運動し，肺呼吸にかわるが，皮膚呼吸の割合も高い。
(3) 表より，ほかの脊椎動物に比べ，哺乳類は胎生で，母乳で子を育てることが特徴であるとわかる。

3. ① (ウ)　② (イ)　③ (エ)　④ (ア)　⑤ (オ)

解説 ①は動物細胞にはみられないので(ウ)細胞壁，②はすべての生物にみられるので(イ)細胞膜，④は真核細胞の植物だけにみられる構造体なので(ア)葉緑体，③と⑤は動物細胞と植物細胞にはみられ，原核細胞には存在しない構造体なので，核膜かミトコンドリアである。文中に，「⑤は呼吸に関係する細胞小器官」とあるので，(オ)ミトコンドリア，③は(エ)核膜と判断できる。

4. (1) 図1：①　図2：②，③
(2) (イ) (a)，(d)　(ウ) (c)

解説 (1) 図1は，基質Aの濃度と反応速度との関係を示したグラフである。基質濃度がある濃度までは，基質濃度の上昇に伴って，基質Aと結合する酵素が増えるため反応速度が上がるが，基質濃度がある濃度以上になると，すべての酵素が基質と結合した状態になるので，反応速度は一定となる。したがって，①が適当である。

基質Aがある濃度以上になると，酵素Xは基質Aと反応できなくなるのではないので，④は誤りである。

図2は温度と反応速度の関係を示したグラフである。温度が上昇すると分子の運動が盛んになり，酵素Xと基質Aの出会う確率が高まるので，反応速度は上昇するが，40℃を超えると，タンパク質を主成分とする酵素は作用を失い（失活）始め，60℃以上では反応しなくなる。したがって，②と③が適当である。

(2) (イ)のグラフは，(ア)のグラフよりも傾きが $\frac{1}{2}$ になっている。すなわち生成物のできる速度が(ア)よりも半分に低下していることを示している。反応速度が低下する原因としては，温度が最適でないためか，酵素Xの量が少ないためと考えられる。この酵素Xは図2のグラフから，60℃では失活することがわかるので，反応速度を低下させた原因は，反応温度を20℃に下げた(a)か，酵素濃度を下げた(d)と考えられる。

(ウ)のグラフでは，生成物の量が減っている。生成物の量が減る原因は，酵素Xの量を減らしたか，基質Aの濃度を下げたか，である。酵素Xの量を少なくすると，初めの反応速度はグラフAよりも低下して，グラフの傾きがゆるくなるはずである。しかし，初めのグラフの傾きは最適条件と同である。したがって，基質濃度を下げたのが原因と考えられるので，(c)と判断できる。

章末演習問題　*p.26〜31*

1 (1) (イ)→(ウ)→(オ)→(ク)→(キ)→(エ)→(ア)
(2) (ク)　(3) (c)

解説 (1) (カ)のように接眼レンズをのぞきながら対物レンズとプレパラートを近づけると，対物レンズがプレパラートにぶつかって，プレパラートを破損したり，対物レンズを汚したりする恐れがある。

(エ)→(ア)のように，低倍率でピントを合わせ，見たい部分を視野の中央においた状態でレボルバーをまわし，高倍率にすると，見たい部分がほぼピントの合った状態で拡大される。

(2) 本問の光学顕微鏡の像は，試料と上下左右が逆になるため，対象物を右下に移動させたい場合は，プレパラートを左上に動かせばよい。

2 (1) (b)　(2) (a)　(3) (a)

解説 高倍率で観察するときは，焦点深度が浅く，視野が狭くて暗いため，焦点を合わせたり，試料を視野に入れることが難しい。そのため，顕微鏡で観察するときは，最初に低倍率の対物レンズを用いて焦点を合わせ，試料

を視野の中央においた後で，高倍率にする。

3 (1) 400 倍　(2) 2μm　(3) ③　(4) 40μm

解説 (1) 顕微鏡の観察倍率は，接眼レンズの倍率×対物レンズの倍率であるので，$10 × 40 = 400$（倍）である。

(2) 接眼ミクロメーターの目盛りには数値が入っている。図で，10，20の数値の入っている目盛りが接眼ミクロメーターの目盛り，数値の入っていない目盛りが対物ミクロメーターの目盛りで，対物ミクロメーター1目盛りは10μmである。図中の矢印の部分で両者の目盛りが一致している。すなわち，接眼ミクロメーターの10目盛りと，対物ミクロメーターの2目盛りが一致している。したがって，

接眼ミクロメーターの1目盛りの長さ

$= \dfrac{10μm ×対物ミクロメーターの目盛りの数}{接眼ミクロメーターの目盛りの数}$

で示されるので，
接眼ミクロメーターの1目盛りの長さは，

$\dfrac{10μm × 2}{10} = 2μm$　である。

(3) プレパラートをつくるときは，スライドガラス上に細胞を置き，材料により，水または染色液を1滴滴下してカバーガラスをかけて検鏡する。対物ミクロメーターの上に細胞を置いても，細胞と対物ミクロメーターの目盛りの両方にピントが合うことはない。また，接眼ミクロメーターは顕微鏡の接眼レンズ内に入っており，細胞を置けるような構造になっていない。仮に置いたとしても細胞と目盛りの両方にピントが合うことはないので，長さの測定はできない。

(4) この倍率では，接眼ミクロメーターの1目盛りは2μmなので，$2μm × 20目盛り = 40μm$である。

4 (1) B　(2) B　(3) A　(4) B
(5) A　(6) B　(7) B　(8) A

解説 (1)は肺呼吸という共通点について説明しているので，Bである。

(2), (4), (6), (7) すべての生物，またはすべての細胞に共通する特徴であるので，Bである。

(3) 花の色の違いについて説明しているので，Aである。

(5) 生活様式の違いについて説明しているので，Aである。

(8) 降水量の違いによって，森林や草原といった異なる植生（→本冊*p.74*）が生じることを説明しているので，Aである。

5 (1) ○　(2) ×　(3) ○　(4) ○　(5) ×　(6) ×

解説 (2) 原核生物には核がみられない。

(5) 光合成では太陽からの光エネルギーを，有機物中の化学エネルギーへと変換している。

(6) 葉緑体で行われる光合成でも，ATP が生産される。

6 (1) 植物細胞

　根拠…細胞壁や葉緑体をもち，発達した液胞が存在するから。

(2) ① 細胞壁　② 細胞膜　③ 液胞　④ 葉緑体
　　⑤ ミトコンドリア　⑥ 核

(3) サイトゾル (細胞質基質)

(4) 酢酸オルセイン液 (酢酸カーミン液)

(5) (a) ④　(b) ①　(c) ⑤　(d) ②　(e) ⑦

解説 (1) 細胞壁と葉緑体および発達した液胞がみられるのは植物細胞だけである。

(4) 酢酸カーミン液でも可。核は，酢酸オルセイン液や酢酸カーミン液で赤色に染色される。

(5) 各細胞小器官の特徴は，しっかりと覚えておくこと。
　(a)の光合成の場となるのは④葉緑体，(b)は丈夫な構造とあることから①細胞壁，(c)は酸素を用いて ATP を合成するとなっているので呼吸の場である⑤ミトコンドリア，(d)は細胞の内外を仕切る膜なので②細胞膜，(e)は核や細胞小器官のまわりを満たす液状の物質なので⑦サイトゾル (細胞質基質) である。

7 (1) 動物細胞

(2) (a) (エ)　(b) (ア)　(c) (カ)　(d) (キ)　(e) (オ)　(f) (ウ)

(3) (a) ①　(b) ⑤　(c) ②　(d) ⑥　(e) ③　(f) ④

解説 (1) 細胞壁や葉緑体がみられず，また，発達した液胞がなく，中心体がみられることから，動物細胞と判断できる。

(3) (a)核膜は核と細胞質を仕切る膜 (①)，(b)ミトコンドリアは呼吸の場 (⑤)，(c)サイトゾルは核や細胞小器官の間を満たす液状の物質 (②) で，細胞質基質ともいう。(d)細胞膜は細胞の内外を仕切る膜 (⑥)，(e)リボソームは小胞体の表面に多数付着したり，細胞質に散在する。小さな粒子で，タンパク質を合成する場である (③)。(f)小胞体は核から続く薄い膜状構造で，リボソームで合成されたタンパク質などの通路になっている (④)。

8 (1) (a) 細胞膜　(b) 細胞壁　(c) 鞭毛

(2) (ウ)　(3) もつ　(4) (ア)，(イ)，(エ)，(オ)

解説 (2) 原核細胞は比較的小形のものが多く，ふつう 1～数 μm の大きさである。

(3) 原核細胞には核膜がなく，DNA は細胞の中央付近にかたまって存在している。

(4) 大腸菌・乳酸菌・シアノバクテリア・納豆菌は原核生物である。酵母菌は真核生物でカビのなかまである。

9 (1) (a) (エ)　(b) (ウ)　(c) (オ)　(d) (ア)　(e) (イ)

(2) (A) ③　(B) ②　(C) ①

(3) (A) (ウ)　(B) (ア)　(C) (イ)

解説 (1)，(2) これらの問題は，(1)と(2)を別々に考えるとわかりにくいので，まとめて考えるとよい。
　(d)は光合成にかかわるので(ア)の葉緑体，(e)は呼吸にかかわるので(イ)のミトコンドリアとわかる。
　表の(d)の行を見ると，(A)には葉緑体が存在することがわかる。葉緑体が存在するのは植物細胞なので，(A)は植物細胞。
　表の(e)の行を見ると，(C)にはミトコンドリアがみられないことがわかる。ミトコンドリアがみられないのは原核細胞なので，(C)は原核細胞とわかる。よって，(B)は動物細胞となる。
　(a)は，(A)の植物細胞と(B)の動物細胞に存在するので(エ)の核。(b)は，(A)～(C)のすべてに存在するので，(ウ)の細胞膜。(c)は，植物細胞と原核細胞に存在するので(オ)の細胞壁である。

10 (1) 過程…同化，例…光合成

(2) 過程…異化，例…呼吸

(3) 代謝　(4) ATP

解説 (1) 同化のうち，光エネルギーを利用する場合が光合成である。

(2) 異化のうち，酸素を利用する場合が呼吸である。

11 (1) (a) アデニン　(b) リボース　(c) リン酸

(2) 高エネルギーリン酸結合

(3) アデノシン三リン酸

(4) ① アデノシン　② ADP (アデノシン二リン酸)

(5) エネルギーの通貨　(6) ④

解説 (2) ATP をつくるリン酸どうしの結合を高エネルギーリン酸結合という。この部分が切れて ADP とリン酸に分かれるときに生じるエネルギーが，生物の生命活動 (運動や物質の合成など) に利用されている。

(4) アデニンにリボースが結合したものをアデノシンという。アデノシンは RNA の構成成分の一つである。
　アデノシンにリン酸が 2 つ結合したものが ADP，3 個結合したものが ATP である。

(5), (6) 生物が呼吸などによって有機物を分解したときに生じるエネルギーは，直接生命活動に利用されるのではなく，一時的に ATP に蓄えられる。その後，ATP のエネルギーが，筋収縮や発光，発電，物質の合成など，いろいろな生命活動に利用される。このように，ATP は，生命活動へのエネルギー供給の仲介をしているため，「エネルギーの通貨」とよばれている。

デンプンの分解は，アミラーゼなどの酵素によるもので，ATP を利用しない。

12 (1) ① 呼吸　② ATP（アデノシン三リン酸）　③ 酸素　④ 二酸化炭素　⑤ ADP（アデノシン二リン酸）
(2) ミトコンドリア

解説 (1) 異化のうち，酸素を利用するものが呼吸である。呼吸では，酸素を利用して有機物を分解し，水と二酸化炭素を排出する。
(2) 呼吸にはたらく細胞小器官はミトコンドリアである。

13 (1) ① 有機物　② 光合成　③ ATP（アデノシン三リン酸）　④ 二酸化炭素　⑤ 酸素
(2) 葉緑体

解説 (1) ①，② 生物が二酸化炭素を取りこみ，光エネルギーを利用して有機物をつくるはたらきを，光合成という。
③ ADP にリン酸が結合すると ATP になり，ATP からリン酸が取れると，ADP になる。
④，⑤ 光合成では，植物は水と二酸化炭素を取りこみ，有機物を合成して酸素を放出する。よって④が二酸化炭素で⑤が酸素。
(2) 光合成ではたらく細胞小器官は葉緑体である。

14 ① C　② A　③ B　④ C　⑤ C

解説 ① 葉緑体内では，光エネルギーを利用して ATP が合成され，その ATP のエネルギーを利用して有機物が合成される。また，呼吸で有機物が分解される際にも，ATP が合成される。したがって，光合成でも呼吸でも ATP は合成される。
②，③ 酸素が生成されるのは光合成。二酸化炭素が生成されるのは呼吸。
④ 生体内の化学反応は，酵素によって促進されている。呼吸や光合成でも，多くの種類の酵素がはたらいている。
⑤ 光合成では，太陽の光エネルギーが有機物中の化学エネルギーに変換されている。呼吸では，有機物中の化学エ

ネルギーが取り出され，運動エネルギーや，発光のための光エネルギーなどに使われるよう移動する。また，光合成でも呼吸でも，エネルギーは ATP や有機物中に蓄えられ，体内を移動する。

15 ① ×　② ×　③ ×　④ ○　⑤ ○　⑥ ×

解説 ① 酵素は細胞内でつくられるが，細胞外ではたらくものもある。
② 酵素の主成分は，タンパク質である。
③ 酵素は，反応の前後でそれ自体は変化せず，何回でもはたらく。
⑥ 例えば，酵素のカタラーゼと無機触媒の酸化マンガン(IV) は，両方とも過酸化水素の分解を促進する。

16 (1) 名称：酵素　成分：タンパク質
(2) 基質特異性

解説 (1) 生体内で触媒のはたらきをする物質は酵素である。そのため，酵素は生体触媒ともいわれる。
(2) 酵素はタンパク質を主成分としている。酵素には，基質と結合する活性部位といわれる部位がある。この活性部位の形にあう基質としか反応できない。これを酵素の基質特異性という。

17 (1) ③，④　(2) 酸素　(3) ②　(4) ③

解説 (1), (2) 肝臓片に含まれるカタラーゼと酸化マンガン(IV) は，過酸化水素を水と酸素に分解する反応を促進する。よって，③と④では，気体が発生する。
①は肝臓片が入っているが，過酸化水素水がないので，気体は発生しない。②は過酸化水素水だけで触媒がないため，気体は発生しない。
(3) ③と④では反応が終了した時点で，過酸化水素がすべて分解されたと考えられる。そのため，新たに肝臓片を加えても，何も起こらない。
①はもともと過酸化水素がないため，肝臓片を加えても何も起こらない。
②は過酸化水素しかないため，最初の実験では何も起こらないが，新たな肝臓片を加えると，過酸化水素の分解が起きて，気体が発生する。
(4) 高温で処理すると，タンパク質でできている酵素は，変性してはたらきを失う。しかし，無機触媒である酸化マンガン(IV) は，高温で処理しても触媒としての機能を失わない。

第2章 遺伝子とそのはたらき

● p.32〜33 ─────

1 遺伝子 **2** DNA **3** 生殖細胞 **4** 受精卵

5 遺伝情報 **6** 進化

7 ヌクレオチド **8** 糖 **9** リン酸 **10** アデニン

11 チミン **12** グアニン **13** シトシン **14** 4

15 ヌクレオチド鎖 **16** 塩基対 **17** T **18** C

19 相補性

重要実験 ④ 1 花芽は細胞が小さくてやわらかく, 体積
当たりに DNA が多く含まれているから。

2 DNA には食塩水に溶けやすい性質があるから。

3 繊維状の物質が赤く染まる。

4 繊維状の物質に DNA が含まれていること。

〔例題1〕 **1** TACGAATCGA

〔類題1〕 **1** GGCACGGTA

解説 **1** A と T, C と G が相補的な塩基対をつくるの
で, A → T, T → A, G → C, C → G で置きかえら
れると, 他方の塩基配列となる。一方の塩基配列が
CCGTGCCAT なら, 他方の塩基配列は
GGCACGGTA となる。

● p.34〜35 ─────

1 2 **2** 二重らせん構造 **3** A **4** G **5** T **6** C

7 塩基配列 **8** S **9** R **10** 形質転換 **11** しない

12 する **13** DNA **14** タンパク質

〔例題2〕 **1** 32 **2** 18

〔類題2〕 **1** 30 **2** 28

解説 **1** A を 26 % 含む鎖を H 鎖, もう一方の鎖を H'
鎖とする。

1 DNA の塩基は, A と T が結合することから, H' 鎖
の A の塩基の割合を求めるには, H 鎖の T の割合を
求めればよい。

問題文より, A が 26 %, G が 24 %, C が 20 %な
ので, T の割合は,

$$T = 100 - (26 + 24 + 20)$$
$$= 30 (\%)$$

となる。よって, H' 鎖の割合は 30%である。

2 H 鎖の A の割合と, H' 鎖の A の割合を足した値を
半分にすればよい。

問題文より, H 鎖の A は 26 %, (1)より, H' 鎖の
A は 30 %なので,

$$\frac{26 + 30}{2} = 28 (\%)$$

● p.36〜37 ─────

1 染色体 **2** 複製 **3** 分配 **4** 細胞周期 **5** G_1 期

6 S 期 **7** G_2 期 **8** 間期 **9** M 期 **10** 相補性

11 塩基配列 **12** 鋳型 **13** 半保存的複製 **14** T

15 C **16** T **17** T **18** C **19** T **20** G **21** T

22 A **23** C **24** G **25** A **26** T **27** G **28** C

29 重い **30** 中間 **31** 軽い **32** 1 **33** 1

34 半保存的複製

〔例題3〕 **1** 重い DNA:中間の重さの DNA:軽い
DNA = 0:1:3

2 重い DNA:中間の重さの DNA:軽い DNA
= 0:1:7

解説 **2** 4 回目の分裂では, 3 回目の分裂でできた 1 つ
の中間の重さの DNA からは中間の重さ:軽い DNA
= 1:1, 3 つの軽い DNA からは軽い DNA が 6 つで
き, やはり重い DNA はできないので, 重い:中間:
軽い = 0:1:7 となる。

● p.38〜39 ─────

1 染色体 **2** 2 **3** S 期 **4** G_2 期 **5** M 期 **6** 中期

7 後期 **8** 終期 **9** S 期 **10** M 期 **11** 同じ

12 G_1 期(DNA 合成準備期) **13** S 期(DNA 合成期)

14 G_2 期(分裂準備期) **15** M 期(分裂期)

重要実験 ⑤ 1 固定

2 細胞を自然に近い状態に保つため。

3 解離

4 細胞どうしの接着をゆるめ, 押しつぶしたときに細
胞が一層に並びやすくするため。

5 染色

6 DNA を染色することで, 核や染色体を観察しやすく
するため。

7 押しつぶし

8 細胞を一層に並べて観察しやすくするため。

● p.40〜41 ─────

1 タンパク質 **2** 酵素 **3** ヘモグロビン **4** ホルモン

5 抗体 **6** アミノ酸 **7** 20 **8** アミノ **9** ペプチド結合

10 ペプチド **11** 遺伝子 **12** 24 **13** 8 **14** 3 **15** 1

16 発現 **17** 転写 **18** 翻訳 **19** アミノ酸

20 リボース **21** U **22** 1 **23** 短

● p.42〜43 ─────

1 1 **2** RNA **3** 転写 **4** mRNA **5** コドン **6** tRNA

7 3 **8** アンチコドン **9** アミノ酸 **10** 翻訳

11 遺伝暗号表 **12** 開始コドン **13** 終止コドン

〔例題4〕 **1** AUGGGAUACGUGCCUUAA

2 メチオニン−グリシン−チロシン−バリン−プロリ

〔類題3〕 **1** メチオニン－グリシン－アスパラギン－
アラニン

解説 **1** この DNA を転写した mRNA の塩基配列は
AUGGGCAAUGCGUGA となるので，例題4と同様
に，AUG，GGC，AAU，GCG，UGA の5つのコド
ンを遺伝暗号表から読み取ると，メチオニン－グリ
シン－アスパラギン－アラニンとなる(UGA は終止
コドン)。

思考力問題 ▶ p.44~45

5. (1) A：アデニン T：チミン
G：グアニン C：シトシン
(2) AとT，GとCの数の割合が同じになっていること。
(3) A，T，G，Cの数の割合は生物種によって異なっていること。
(4) AとT，GとCは相補的な塩基対をつくること。
(5) シャルガフの規則

解説 (2) ヒトの胸腺と肝臓，ウシの胸腺と肝臓ではそれぞ
れ A，T，G，Cの数の割合はほぼ同じである。
(3) 生物種が異なると，A，T，G，Cの数の割合は種ごとに
異なる。
(4) AとT，GとCの数の比はほぼ同じであることから，A
とT，GとCは相補的な塩基対をつくっていると考えら
れる。
(5) AとT，GとCの数の割合が等しいことを発見したの
は，シャルガフである。

6. (1) ② (2) ⑥ (3) ⑥
(4) (重い DNA：中間の重さの DNA：軽い DNA ＝)
0：1：3

解説 ①は重い DNA のバンドのみ，②は中間の重さの DNA
のバンドのみ，③は軽い DNA のバンドのみ，④は重い
DNA と中間の重さの DNA のバンド，⑤は重い DNA と
中間の重さの DNA と軽い DNA のバンド，⑥は軽い DNA
と中間の重さの DNA のバンド，⑦は軽い DNA と重い
DNA のバンドがそれぞれ出ていることを示している。
(1) 重い DNA をもつ大腸菌を軽い窒素培地で培養して1回
目の分裂をさせると，重い DNA のヌクレオチド鎖が2本
に分かれてそれぞれ鋳型鎖となり，軽い DNA のヌクレ
オチド鎖が新生鎖となるので，新しく，重い DNA と軽
い DNA からなる中間の重さの2本鎖 DNA が2本でき
る。したがって②。
(2) 2回目の分裂では，中間の重さの DNA からなる2本鎖
DNA が1本ずつに分かれ，重い DNA のヌクレオチド鎖

2本と軽い DNA のヌクレオチド鎖2本がそれぞれ鋳型鎖
となり，新生鎖4本はすべて軽いヌクレオチド鎖となる
ので，新しく，中間の重さの2本鎖 DNA と，軽い2本
鎖 DNA が2本ずつでき，その割合は1：1となる。した
がって⑥。
(3)，(4) 2回目の分裂では，中間の重さの DNA：軽い DNA
＝1：1の割合で出現している。これが3回目の分裂をす
るときには，それぞれが1本鎖に分かれるので，鋳型鎖
は重い DNA からなるヌクレオチド鎖2本，軽い DNA の
ヌクレオチド鎖6本である。新生鎖8本はどれも軽いヌ
クレオチド鎖となるので，新しく，中間の重さの2本鎖
DNA が2本，軽い2本鎖 DNA が6本でき，その割合は，
重い DNA：中間の重さの DNA：軽い DNA ＝ 0：2：6
＝ 0：1：3

7. (1) ③，④ (2) なし (3) ⑥ (4) ①，⑥，⑤，②

解説 ①は分裂期(M 期)の前期，②は分裂期の終期，③は
間期の G₁ 期，④は間期の G₂ 期，⑤は分裂期の後期，⑥
は分裂期の中期をそれぞれ示している。
(2) 間期の S 期(DNA 合成期)を示している染色体の図はな
い。
(3) M 期(分裂期)に赤道面に染色体が並ぶのは中期なので⑥。

8. (1) アラニン (2) ロイシン (3) 16 個

解説 問題文に，「この RNA には，遺伝子としてはたらく
部分以外の塩基配列も含まれており，この RNA から遺
伝子としてはたらかない塩基配列を除去して mRNA がつ
くられる」とあるので，まず，どこが遺伝子の始まりか
を検討する必要がある。開始コドンは AUG であるので
AUG を探すと，19，20，21 番目の塩基が AUG となって
いるので，ここから右側に順に読んでいく。
(1) 2番目のアミノ酸は22，23，24 のコドンで指定され，
GCC となる。遺伝暗号表で探すと GCC はアラニンであ
ることがわかる。
(2) 7番目のアミノ酸を指定するのは37，38，39 番目の塩
基が示すコドン CUC である。これはロイシンを指定す
ることがわかる。
(3) 67，68，69 番目の塩基 UGA が，最も早く出てくる終止
コドンであり，ここで翻訳が終了する。ここまで17 個の
コドンがあるが，終止コドンはアミノ酸を指定しないの
で，このペプチドは 17 － 1 ＝ 16(個)のアミノ酸からな
る。

18 (1) 遺伝　(2) 遺伝子　(3) DNA (デオキシリボ核酸)
(4) 遺伝情報

解説 (1), (2), (3) 親から子へ生物の形質が伝えられること
を遺伝といい，形質は遺伝子によって伝えられる。その
遺伝子の本体は DNA (デオキシリボ核酸) である。
(4) 親から子に伝えられる情報を遺伝情報という。

19 (1) ヌクレオチド
(2) (b) リン酸　(c) デオキシリボース (糖)　(d) 塩基
(3) A …アデニン，T …チミン，
　　G …グアニン，C …シトシン
(4) A と T，G と C　(5) ヌクレオチド鎖

解説 本問で問われている DNA の基本構造は，この後の遺
伝子や形質の発現を学習するうえで非常に重要な内容で
ある。しっかりと覚えておくこと。
(1) 問題の図では，(a)の破線で囲まれた部分が多数つながっ
て DNA が構成されていることがわかる。DNA はヌクレ
オチドという構成単位が多数つながってできたものなの
で，(a)はヌクレオチドである。
(2) DNA を構成するヌクレオチドは，リン酸，デオキシリ
ボース (糖)，塩基で構成されている。
　(b)はリンを含んでいるのでリン酸。リン酸と結合して
いる(c)が糖である。糖をはさんでリン酸と反対の位置に
ある(d)が塩基である。
(3) DNA の塩基どうしの結合の場合，A は T と，G は C と
しか結合しない。
(5) ヌクレオチドが多数結合して鎖状になったものをヌクレ
オチド鎖という。

20 (1) 二重らせん構造
(2) ワトソンとクリック
(3) ① T　② A　③ G　④ C
(4) 塩基配列
(5) T：30 %　G：20 %　C：20 %

解説 (5) A と T は対をなすので，この DNA の全塩基に対
する A の割合と T の割合は等しくなる。全塩基のうち，
A が 30 % ということは，A と対をなす T も 30 % という
ことである。また，全体から A と T を引いたものが，G
と C の合計であるが，G と C は対をなすのでその割合は
等しくなる。G と C の合計は，
$$100 - (A + T) = 100 - (30 + 30)$$
$$= 40 (\%)$$
なので，G も C も 40 % の半分の 20 % となる。

21 (1) (A) グリフィス　(B) エイブリーら
(2) R 型菌が S 型菌に形質転換したため。
(3) DNA (デオキシリボ核酸)

解説 (1) (A)はグリフィスが行った実験で，この実験によっ
て，肺炎双球菌の R 型菌が S 型菌に形質転換することが
わかった。
　(B)はエイブリーらが行った実験で，この実験によって，
形質転換を起こす物質は DNA であることがわかった。
(2) R 型菌だけを注射したときにネズミは発病しないが，生
きた R 型菌と加熱殺菌した S 型菌を混ぜて注射したとき
に，ネズミが発病してその体内から生きた S 型菌が現れ
ている。このことから，S 型菌の何らかの物質が R 型菌
に取りこまれ，R 型菌の形質が変化して S 型菌になり，
それによってネズミが発病したと考えられる。
　なお，(A)の実験だけでは，形質転換を引き起こす原因
物質が何であるかはわからない。(B)の実験によって，そ
の物質が DNA であることがわかる。
(3) タンパク質分解酵素を加えるということは，S 型菌のタ
ンパク質が分解されるということである。もし仮に，形
質転換を起こす原因物質がタンパク質であった場合，タ
ンパク質分解酵素を加えると，R 型菌は形質転換しない
はずである。しかし，タンパク質分解酵素を加えた実験
区では，形質転換が起こっており，DNA 分解酵素を加え
た実験区では形質転換が起こっていない。このことから，
形質転換を起こす原因物質は DNA であると考えられる。

22 (1) T₂ ファージ
(2) タンパク質と DNA のどちらが遺伝子の本体であるかを
　　明らかにするため。
(3) DNA のみが大腸菌内に侵入した。
(4) ウイルスのタンパク質の殻は大腸菌に侵入しなかった。
(5) DNA (デオキシリボ核酸)

解説 (1) 細菌に寄生するウイルスをファージといい，大腸
菌に寄生するウイルスとして T₂ ファージがある。
(2) ハーシーとチェイスがこの実験を行った当時，遺伝子の
本体は DNA ではなく，多種多様なタンパク質であると
いう考えもまだ強かった。そこで，タンパク質と DNA の
みからなるファージはどちらが遺伝子の本体であるかを
明らかにするには最適の材料である。しかも，ウイルス
は増殖速度が速いため実験結果を得やすく，また大腸菌
でのみ増殖するウイルスなので，取り扱いも安全であっ
た。
(3), (4) かくはん処理により，大腸菌とファージは分離する。
その後，遠心分離により沈殿するのは重い大腸菌で，軽
いファージやファージの殻は上澄みに残る。

(5) 大腸菌に侵入したのは放射性元素 b で標識された DNA のみであり，DNA の侵入によって子ファージがつくられたことから，DNA が遺伝子の本体であると判定できる。

23 (1) ① 細胞周期　② 間期　③ M 期 (分裂期)
(2) G_1 期，S 期，G_2 期　(3) 前期，中期，後期，終期

解説 細胞周期は，間期 (G_1 期，S 期，G_2 期) と M 期 (分裂期) に分けられる。分裂期は，染色体の形と動きにより前期，中期，後期，終期に分けられる。G_1 期は DNA 合成準備期，S 期は DNA 合成期，G_2 期は分裂準備期ともいう。

24 (1) ① S　② 鋳　③ T (チミン)　④ A (アデニン)
　　　⑤ C (シトシン)　⑥ G (グアニン)
(2) 半保存的複製　(3) TAACGTATG

解説 (2) 二重らせん構造をした DNA の 2 本のヌクレオチド鎖がほどけて，それぞれが鋳型鎖となって，鋳型鎖の塩基に相補的な塩基が対をつくり，新しい鎖ができる複製方法を半保存的複製という。
(3) 鋳型鎖の塩基配列は，A → T，T → A，G → C，C → G のように写し取られて新しい鎖ができる。

25 ① ATGCATGGATGC
② TACGTACCTACG

解説 鋳型鎖の塩基配列は，A → T，T → A，G → C，C → G のように写し取られて新しい鎖ができる。

26 (1) ① d　② a　③ b　④ c　⑤ e
(2) (ア) G_1 期 (DNA 合成準備期)　(イ) S 期 (DNA 合成期)
　　(ウ) G_2 期 (分裂準備期)
(3) イ　(4) 18 時間

解説 (1) ①～⑤を間期から順番に並べると，
　②→③→④→①→⑤　となる。
　①～⑤の文章は，細胞周期における各過程の特徴をよくつかんだ文章になっているので，覚えておくとよい。
(2), (3) G_1 期は DNA 合成準備期，S 期は DNA 合成期，G_2 期は分裂準備期ともよばれる。G_1 期には細胞が成長して，DNA の複製の準備をする。S 期には DNA が複製されて DNA 量が 2 倍になる。G_2 期には次の分裂の準備が行われる。
(4) 全細胞数に対する各時期の細胞数の割合は，細胞周期に対して各時期が要する時間の割合を表すと考えてよい。細胞周期は 20 時間なので，

$$間期に要する時間 = 20 \times \frac{間期の細胞数}{全細胞数}$$
$$= 20 \times \frac{450}{500}$$
$$= 18 (時間)$$

27 (1) (a) リン酸　(b) リボース (糖)　(c) 塩基
(2) ① T (チミン)　② U (ウラシル)
(3) 1 本鎖

解説 (1) RNA の構造は，DNA とよく似ている。RNA のヌクレオチドには，リンを含む(a)のリン酸があり，リン酸と結合している(b)の糖がある。糖をはさんでリン酸と反対の位置には(c)の塩基がある。なお，DNA の糖はデオキシリボースであるが，RNA の糖はリボースである。
(2) RNA を構成する塩基は，A，U (ウラシル)，G，C である。DNA どうしの場合は A と T が結合するが，RNA には T がないため，DNA の A と結合するのは，RNA の U である。

28 (1) (ア) mRNA　(イ) アミノ酸
(2) (A) 転写　(B) 翻訳
(3) TACGAT
(4) AUGCUA
(5) 300 個

解説 (2) 遺伝子の部分の塩基配列が RNA に写し取られるまでの過程を転写という。遺伝子の部分が転写された RNA を，mRNA という。
　mRNA の塩基配列からタンパク質が合成されるまでの過程を翻訳という。
(3), (4) H 鎖と H' 鎖では，A と T，G と C が結合する。
　H' 鎖と RNA の場合は，G と C が結合し，H' 鎖の A に対しては RNA の U が結合する。
　なお，RNA の A に対しては H' 鎖の T が結合する。RNA の A に対して H' 鎖 DNA の U が結合すると勘違いしないように注意すること。
(5) 塩基 3 個の配列が 1 個のアミノ酸を指定するので，100 個のアミノ酸を指定するには，塩基 100 × 3 ＝ 300 (個) の配列が必要となる。

29 (1) 転写　(2) AUGUCUCCAAGAUUUAGUUAG
(3) メチオニン－セリン－プロリン－アルギニン－フェニルアラニン－セリン
(4) 翻訳

解説 DNA の塩基配列を RNA の塩基配列に写し取ることを転写という。転写された RNA から，遺伝子としては

たらかない不要な塩基配列を含む領域を取り除かれて mRNA ができる。

(1), (2) DNA の塩基配列が RNA に写し取られることを転写といい，A → U，T → A，G → C，C → G として転写される。

(3) それぞれのコドンがどのアミノ酸を指定するかを遺伝暗号表で調べると，順に，AUG はメチオニン（開始コドン），UCU はセリン，CCA はプロリン，AGA はアルギニン，UUU はフェニルアラニン，AGU はセリン，UAG は終始コドンであることがわかる。

(4) mRNA の塩基配列がタンパク質のアミノ酸の配列に読みかえられることを翻訳という。

第3章 ヒトの体内環境の維持

空欄の解答 *p.50～65*

● *p.50～51*

1 感覚 **2** 脳 **3** 運動 **4** 神経系 **5** 内分泌系
6 自律 **7** ホルモン **8** 延髄 **9** 自律 **10** ニューロン
11 中枢 **12** 末しょう **13** 自律 **14** 交感 **15** 大脳
16 間脳 **17** 視床下部 **18** 中脳 **19** 小脳 **20** 延髄
21 副交感 **22** 拮抗 **23** 興奮 **24** リラックス
25 縮小 **26** 抑制 **27** 促進 **28** 促進

● *p.52～53*

1 増加（上昇） **2** 交感 **3** ペースメーカー（洞房結節）
4 促進 **5** 上昇 **6** 減少（低下） **7** 増加 **8** 交感
9 減少 **10** 副交感 **11** ホルモン **12** 内分泌腺
13 血液 **14** 脳下垂体 **15** 甲状腺 **16** 副腎
17 放出ホルモン **18** 成長ホルモン
19 甲状腺刺激ホルモン **20** バソプレシン
21 チロキシン **22** アドレナリン
23 糖質コルチコイド **24** グルカゴン **25** インスリン
26 標的 **27** 受容体 **28** 視床下部 **29** 放出ホルモン
30 脳下垂体 **31** 脳下垂体前葉
32 甲状腺刺激ホルモン **33** 甲状腺 **34** 抑制
35 フィードバック **36** 負のフィードバック
37 チロキシン

● *p.54～55*

1 体液 **2** 体内環境 **3** 組織液 **4** リンパ液 **5** 血液
6 血しょう **7** リンパ液 **8** 恒常性 **9** 呼吸系
10 循環系 **11** 排出系 **12** 消化系 **13** 免疫系
14 グルコース **15** デンプン **16** グリコーゲン
17 呼吸 **18** 血糖 **19** 血糖濃度 **20** 0.1
21 インスリン **22** 下

● *p.56～57*

1 視床下部 **2** アドレナリン **3** インスリン
4 副交感 **5** B **6** グリコーゲン **7** 交感 **8** 髄質
9 A **10** グルカゴン **11** 糖質 **12** 健康 **13** Ⅰ
14 Ⅱ **15** 血糖 **16** 細尿管 **17** ろ過 **18** 原尿
19 再吸収 **20** 尿

重要実験⑥ **1** この糖尿病患者は，インスリンの分泌量が少ないタイプの糖尿病で，食後，血糖濃度が上昇してもインスリンが十分に分泌されないため，血糖濃度を下げることができないから。

2 食事の直前などにインスリンを注射する。

解説 **1** この糖尿病患者は，インスリン濃度が低いことから，インスリンを分泌するすい臓のランゲルハンスのB細胞が破壊されているⅠ型糖尿病と考えら

れる。インスリンが十分に分泌されないため，食後
に増えたグルコースをグリコーゲンに合成したり，
細胞に取りこんだりできないので，いつまでも血糖
濃度が高い状態が続く。

2 Ⅰ型糖尿病患者には，食事前などにインスリンを注
射して，体外から体内にインスリンを入れることで
インスリンをはたらかせ，グリコーゲンの合成促進
や細胞内へのグルコースの取りこみを促進すること
ができる。

●*p.58〜59*
1 交感　**2** アドレナリン　**3** 代謝　**4** 拡張　**5** 発汗
6 抑制　**7** 視床下部　**8** バソプレシン　**9** 促進
10 抑制　**11** 減少　**12** 血小板　**13** フィブリン
14 血ぺい　**15** 血液凝固　**16** 血清
17 線溶(フィブリン溶解)　**18** 赤血球　**19** 白血球
20 血小板　**21** 血しょう

●*p.60〜61*
1 免疫　**2** 食細胞　**3** 特異　**4** 自然免疫　**5** T細胞
6 マクロファージ　**7** 胸腺　**8** 骨髄　**9** 角質　**10** 粘膜
11 弱酸　**12** リゾチーム　**13** 好中球
14 マクロファージ　**15** 樹状細胞　**16** 食作用
17 食細胞　**18** 炎症　**19** 適応免疫(獲得免疫)

●*p.62〜63*
1 自然　**2** NK細胞　**3** T細胞　**4** 特異　**5** 抑制
6 免疫寛容　**7** B細胞　**8** 抗原提示　**9** 樹状細胞
10 適応免疫(獲得免疫)　**11** T細胞
12 ヘルパーT細胞　**13** B細胞　**14** 形質細胞
15 免疫グロブリン　**16** 抗体　**17** 抗原抗体
18 マクロファージ　**19** キラーT細胞

重要実験⑦ **1** マウスの免疫系は系統が同じなら，拒絶
反応は起こさない。
2 拒絶反応に関係する細胞は胸腺で分化し，生後一定
時間経ってから系統を見分ける能力をもつようにな
る。
解説 **1** マウスの皮膚を移植したとき，系統が同じな
ら他個体でも自己と認識されるため拒絶反応は起こ
らない。一方，異なる系統の移植片に対しては非自
己と認識され，拒絶反応が起こる。この拒絶反応は，
キラーT細胞などの免疫細胞の細胞性免疫によって
起こる。
2 実験3から，胸腺を除去すると拒絶反応が起こらな
いことがわかる。これは，細胞性免疫に関係するT
細胞は，胸腺で分化するためである。また，実験4
から，出生直後では細胞の認識能力がなく，非自己
の移植に対しても拒絶反応が起こらないことがわか

る。マウスでは免疫細胞の分化に2週間程度かかる
ので，出生直後にA系統のマウスにB系統の細胞を
注入しても，認識能力がまだないため拒絶反応が起
こらない。また，認識能力が形成されるより前から
存在する非自己に対しては免疫寛容が成立するため，
成長してから他系統であるB系統の皮膚を移植
しても，拒絶反応が起こらない。

●*p.64〜65*
1 抗体　**2** 体液性　**3** キラーT細胞　**4** 細胞性
5 マクロファージ　**6** 一次応答　**7** 記憶細胞
8 二次応答　**9** 免疫グロブリン　**10** 可変
11 日和見感染　**12** HIV　**13** ヘルパーT細胞
14 アレルギー　**15** アレルゲン
16 アナフィラキシーショック　**17** 自己免疫疾患
18 予防接種　**19** ワクチン　**20** 血清療法
21 免疫療法

思考力問題 *p.66〜67*

9. ①，④

解説 ① 健康な人は，食事後30分程度で血糖濃度が最大
になり，1時間程度でインスリン濃度も最大になる。2時
間程度ではインスリンの濃度はまだ高い状態が続いてい
るが，血糖濃度は2時間程度で食事開始前に近づくの
で，正しい。
② 健康な人では，血糖濃度が上昇すると血中インスリン濃
度は高くなるので，誤り。
③ 糖尿病患者Aは，食事開始後のインスリン濃度の上昇
は健康な人に比べてゆるやかであるので，誤り。
④ 糖尿病患者Aは食後に血中インスリン濃度は上昇して
いるが，血糖濃度はそれに反応しておらず，Ⅱ型糖尿病
と考えられるので，正しい。
⑤ Bは食事開始後4時間で健康な人よりも血糖濃度が高
いので，誤り。
⑥ 糖尿病患者Bは食後に血中インスリン濃度の上昇がほ
とんどみられないことから，Ⅰ型糖尿病と考えられる。
Bは食事開始後，著しく血糖濃度が上昇しているので，
誤り。

10. (1) ③　(2) ①　(3) ②

解説 (1) グラフから，注射前と注射後の好中球以外の白血
球の数は変わらないことがわかる。一方，注射前には存
在しなかった好中球が増加している。好中球は白血球の
一種で，ふつう血液中に存在する。腹腔内に大腸菌を注
射すると，血液中の好中球が血管から出て大腸菌のいる

腹腔に遊走し，その他の白血球とともに腹腔内で食作用により大腸菌を排除する。

(2) マウスYにマウスXの皮膚を移植すると，マウスYはマウスXの皮膚を非自己と識別して脱落させる。このときマウスXの細胞に対する免疫記憶が成立し，2度目にマウスXの皮膚を移植すると，すばやく強い拒絶反応が起こり，移植片は1度目より早く脱落する。

(3) マウスに致死性の毒素を注射した直後に，毒素を無毒化する抗体を注射すると，注射した抗体が毒素と抗原抗体反応を起こして毒素を凝集し，無毒化するために，マウスは生存できる。この原理を利用したのが血清療法である。毒ヘビにかまれたときなどは，あらかじめ少量の毒ヘビの毒素をウマなどの大型動物に注射してつくらせておいた抗体を含む血清を，毒ヘビにかまれた人に注射して治療する。この方法を血清療法という。

章末演習問題 *p.68〜73*

30 (1) ① ニューロン（神経細胞） ② 中枢
③ 末しょう ④ 体性 ⑤ 自律
(2) (a) 交感神経 (b) 副交感神経

解説 (1) 神経の基本単位はニューロン（神経細胞）で，核をもつ細胞体とそこから伸びる多数の突起からなり，枝分かれした短い突起を樹状突起，細長く伸びた突起を軸索という。軸索の末端が次のニューロンと接続する部分をシナプスという。ヒトの神経系は，ニューロンが多数集まった中枢神経系とそこから延びる末しょう神経系とからなり，次のように分けられる。

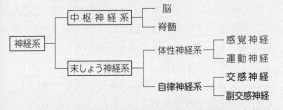

(2) 交感神経は興奮時や緊張時に，副交感神経は安静時やリラックス時にはたらく。

対象	ひとみ	心臓拍動	血圧	気管支	胃腸ぜん動	排尿	立毛筋
交感神経	拡大	促進	上げる	拡張	抑制	抑制	収縮
副交感神経	縮小	抑制	下げる	収縮	促進	促進	－

（－は副交感神経が分布していないことを示す）

31 (1) a 大脳 b 間脳 c 中脳 d 小脳 e 延髄
(2) ① d ② b ③ e ④ a ⑤ c

解説 aの大脳は，視覚・聴覚などの感覚，意識による運動，言語・記憶・思考・意思などの高度な精神活動の中枢。

bの間脳は，視床と視床下部からなり，自律神経系と内分泌系の中枢。

cの中脳は，姿勢保持・眼球運動・瞳孔反射などの中枢。

dの小脳は，筋肉運動の調節やからだの平衡を保つ中枢。

eの延髄は，呼吸・血液循環などの生命活動にかかわるはたらきの中枢。

32 (1) 間脳の視床下部
(2) ① 収縮 ② 促進 ③ 拡大 ④ 拡張
⑤ 上げる ⑥ 抑制 ⑦ 収縮 ⑧ 促進
(3) a (4) b，c，d (5) ペースメーカー（洞房結節）

解説 (1)「自律神経系のはたらきの中枢はどこか？」という問題はよく出題されるのでしっかりと覚えておくこと。
(2) 交感神経は，主として興奮時や緊張したときにはたらき，副交感神経は，主としてリラックスしたときや安静時にはたらく。
(3) 交感神経は脊髄の胸の部分（胸髄）・腰の部分（腰髄）から出る。
(4) 副交感神経のほとんどは中脳・延髄から出ているが，ぼうこうに向かう神経は脊髄末端（仙髄）から出ている。
(5) 心臓の右心房にはペースメーカー（洞房結節）という部分があり，この部分の細胞から，意思とは関係なく周期的な信号が出て心臓の筋肉を収縮させる。これを心臓の自動性という。

33 (1) 延髄 (2) 遅くなる。 (3) 変わらない。
(4) 遅くなる。

解説 ドイツのレーウィによってはじめて行われた実験で，この実験によって，副交感神経を刺激すると，その末端から心臓の拍動を抑制する化学物質（アセチルコリン）が分泌されることが明らかになった。
(2) 心臓Aに連絡する副交感神経が刺激されることで，アセチルコリンが分泌される。Aで分泌されたアセチルコリンが血管を通ってBに移動するので，Aより少し遅れてBの拍動は遅くなる。
(3) 心臓Bにはアセチルコリンが分泌されるが，リンガー液の流れはAからBへの一方行なので，Aの拍動は変わらない。
(4) 貯液槽にたまっているリンガー液にはアセチルコリンが含まれているので，この液をかけた心臓は，その拍動が遅くなる。

34 ① 内分泌腺 ② 標的 ③ 受容体 ④ 標的細胞

解説 ホルモンは内分泌腺で合成されて血液中に直接放出される。血液によって全身をめぐり，そのホルモンに対する受容体をもつ標的細胞だけに作用する。

35 (1) ① (イ)　② (ア)　③ (オ)　④ (エ)　⑤ (ウ)
(2) ① (ウ)—(b)，(オ)—(g)，(カ)—(h)　② (イ)—(a)　③ (キ)—(c)
④ (エ)—(e)，(ク)—(d)　⑤ (ア)—(f)

解説 脳下垂体の前葉からは，成長ホルモンや，甲状腺・副腎皮質などを刺激するホルモンが分泌される。脳下垂体の後葉からは，バソプレシンが分泌される。バソプレシンは，腎臓での水の再吸収を促進することで，体液濃度を低下させる。また，体内を循環する血液量が増えるため，血圧が上昇する。

36 (1) 間脳の視床下部
(2) 甲状腺刺激ホルモン放出ホルモン
(3) 脳下垂体前葉
(4) 甲状腺刺激ホルモン
(5) 甲状腺
(6) チロキシン
(7) フィードバック
(8) 甲状腺刺激ホルモンや甲状腺刺激ホルモン放出ホルモンの分泌量を減らす。

解説 (1)～(6) チロキシン分泌の最初の指令は間脳の視床下部である。間脳の視床下部には神経分泌細胞があり，ここから脳下垂体前葉に向かう毛細血管に放出ホルモンが放出されて，脳下垂体前葉からの甲状腺刺激ホルモンの分泌が促進される。甲状腺刺激ホルモンは甲状腺を刺激し，チロキシンの分泌を促進する。
(7), (8) チロキシンのように，最終産物や最終的な効果が前段階にもどって作用することをフィードバックといい，最終産物や最終的なはたらきが前段階を抑制する方向にはたらく場合を負のフィードバックという。チロキシンが過多の場合は，間脳の視床下部には甲状腺刺激ホルモン放出ホルモン，脳下垂体前葉には甲状腺刺激ホルモンの分泌を抑制するようにはたらく。

37 (1) ③　(2) ①　(3) ③　(4) ②

解説 (1) 問題文の実験だけでは，実験結果がチロキシンによるものか，チロキシンを溶かした溶媒が原因なのかは判断できない。そこで，チロキシンを溶かした溶媒だけをネズミに注射して，実験結果が溶媒そのものや溶媒を注射する操作によるものではないことを確かめる対照実験を行う必要がある。

(2), (3) 血液中のチロキシンは，間脳の視床下部や脳下垂体前葉にフィードバックして，甲状腺刺激ホルモン放出ホルモンや甲状腺刺激ホルモンの分泌を調節している。

本実験ではネズミの甲状腺が除去されているため，チロキシンが分泌されず，血液中にもチロキシンが検出されなくなっている。そのため，血液中のチロキシン不足の情報を間脳の視床下部や脳下垂体前葉が受け取り，間脳の視床下部からは甲状腺刺激ホルモン放出ホルモンが，脳下垂体前葉からは甲状腺刺激ホルモンが分泌されることになる。しかし，甲状腺が除去されていることから，チロキシンはいつまでたっても分泌されないため，視床下部や脳下垂体前葉は，血液中にはチロキシンが不足しているという情報を受け取り続けることになる。よって，(2)①～④のホルモンのうち，ネズミの血液中で最も増加しているのは，①の甲状腺刺激ホルモンであると考えられる。

38 (1) ① 副交感神経　② 交感神経
③ 脳下垂体前葉　④ すい臓 (ランゲルハンス島)
⑤ 副腎　⑥ 肝臓　⑦ 小腸　⑧ 副腎皮質刺激ホルモン
⑨ インスリン　⑩ グルカゴン　⑪ アドレナリン
⑫ 糖質コルチコイド
(2) 7 → 19 → 13 → 1 → 4 → 9 → 15, 16
(3) 100 mg

解説 (1) ④はA細胞・B細胞と記されていることから，すい臓 (ランゲルハンス島)とわかる。また，⑤は皮質・髄質と記されていることから，副腎とわかる。

すい臓のランゲルハンス島のB細胞に分布して血糖濃度の調節にかかわる神経は副交感神経(①)であり，B細胞からのインスリン(⑨)の分泌を促進している。インスリンは血液中のグルコース(血糖)をグリコーゲンに合成したり，組織でのグルコースの呼吸消費を促進したりして，血糖濃度を減少させる。

間脳の視床下部からすい臓のランゲルハンス島のA細胞や副腎髄質に分布している神経は交感神経(②)である。交感神経はA細胞からのグルカゴン(⑩)の分泌を促進して，グリコーゲンをグルコースに分解し，血糖濃度を増加させている。また，交感神経は副腎髄質からのアドレナリン(⑪)の分泌も促進させて，グリコーゲンをグルコースに分解し，血糖濃度を増加させている。

間脳の視床下部からの放出ホルモンが作用する器官は，脳下垂体前葉(③)であり，脳下垂体前葉から分泌されるホルモンは副腎皮質刺激ホルモン(⑧)である。このホルモンは副腎皮質からの糖質コルチコイド(⑫)の分泌を促進し，タンパク質からグルコースを合成することで

血糖濃度を増加させる。

　グリコーゲンは肝臓（⑥）に蓄えられ，必要に応じてグルコースに分解されて血液中に放出される。食物からの糖分を吸収するのは小腸（⑦）である。

39 (1) ホルモン：インスリン　グラフ：a
(2) 糖尿病　(3) B：②　C：①
(4) B　(5) C

[解説] (1) 食後の血糖濃度を下げるホルモンはインスリンである。健康な人の血糖濃度は約 0.1 ％（質量％）で，これは血液 100 mL 当たり 100 mg である。したがって，b が血糖濃度のグラフ，食後に急激に濃度が上昇している a がインスリンの血中濃度のグラフである。
(2), (3) 血糖濃度が異常に高くなる病気は糖尿病である。
　Ⅰ型糖尿病の人は，インスリンを分泌するすい臓のランゲルハンス島の B 細胞が破壊されるなどの原因により，インスリンを分泌できない場合で，C の人がこれに該当する。
　Ⅱ型糖尿病は，インスリンを受容する標的細胞の受容体の感受性低下や，受容しても細胞内にグルコースが取りこめない場合で，B の人がこれに該当する。
(4) 日本人に多いのは，生活習慣病の一つであるⅡ型糖尿病である。
(5) インスリンを分泌するランゲルハンス島の B 細胞の異常によって生じるⅠ型糖尿病の場合は，インスリン投与で治療できる。

40 (1) 血液凝固
(2) ア：赤血球　イ：白血球　ウ：フィブリン
(3) ③ → ④ → ① → ② → ⑤

[解説] (1) 傷口で血液を固めて止血するしくみを，血液凝固という。
(2) ウは，血しょう中の液体状のタンパク質であるフィブリノーゲンが，トロンビンという酵素のはたらきで繊維状のタンパク質のフィブリンに変化したものである。これが赤血球や白血球をからめて血ぺいができる。
(3) 血液凝固のしくみは次の図のようになる。

[発展] ▶血液凝固のしくみ

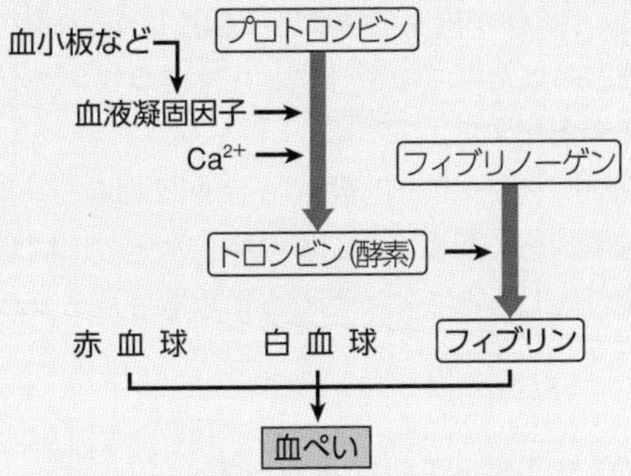

出血すると，傷口に集まった血小板などから放出される血液凝固因子のはたらきによって，プロトロンビンがトロンビンになる。トロンビンは，フィブリノーゲンをフィブリンに変化させ，これが繊維状になって血球をからめて，血ぺいとなる。

41 (1) 免疫　(2) (b)：②　(c)：①
(3) しくみ：③　細胞：②，④，⑥，⑦

[解説] (1) 体内に侵入した異物を排除してからだを守るしくみを免疫という。
(2) ヒトの免疫は次のように 3 段階に分けられる。
[第1段階]　物理的・化学的防御：異物が体内に入るのを防ぐしくみ。
[第2段階]　食細胞による食作用：好中球・マクロファージ・樹状細胞などの白血球のなかまが，病原体などの異物を取りこんで分解し，無毒化するしくみ。
　＊第1段階と第2段階を合わせて自然免疫という。
[第3段階]　B 細胞が放出した抗体によって病原体や異物を排除したり，キラー T 細胞が感染した細胞などを攻撃することで病原体や異物を除去したりするしくみで，適応免疫（獲得免疫）という。
(3) 適応免疫は次のしくみで起こる。
① B 細胞やマクロファージ，樹状細胞が異物を認識すると，それを細胞内に取り入れて分解し，異物の一部を細胞表面に提示する（抗原提示）。
② 樹状細胞が抗原提示した情報をヘルパー T 細胞やキラー T 細胞が受け取って，それらの細胞が活性化・増殖する。
③ 増殖したヘルパー T 細胞は，キラー T 細胞に情報を与え，キラー T 細胞を活性化する。活性化したキラー T 細胞は感染細胞などを攻撃して破壊する。これをマクロファージが食作用で処理する。
　また，ヘルパー T 細胞は，同一の抗原情報を細胞表面にもつ B 細胞にはたらきかけ，B 細胞を形質細胞（抗体産生細胞）に分化させる。
④ 形質細胞は，抗原と特異的に反応する抗体（免疫グロブリンというタンパク質）をつくって体液中に放出す

る。

⑤ 抗原と抗体が抗原抗体反応を起こし，これをヘルパーT細胞のはたらきで活性化したマクロファージが食作用で無毒化する。

⑥ B細胞やヘルパーT細胞，キラーT細胞の一部は，その抗原情報を記憶する記憶細胞となって，同じ抗原が再度侵入したときに，ただちに攻撃できるように備える。

42 (1) ① ヘルパーT　② キラーT
③ NK（ナチュラルキラー）　④ 記憶
(2) 拒絶反応　(3) 抗原提示　(4) 細胞性免疫

解説 (1) 樹状細胞から抗原提示を受けたヘルパーT細胞は増殖する。増殖したヘルパーT細胞はキラーT細胞にはたらきかける。すると，キラーT細胞は増殖し，感染細胞などを直接攻撃する（細胞性免疫）。また，リンパ球の一種であるNK細胞はがん細胞や感染細胞を直接攻撃し破壊する。NK細胞はリンパ球で，自然免疫の一端を担っている。
(2) 移植された他人の臓器などは非自己と識別され，免疫系に攻撃されて排除される。これを拒絶反応という。
(3) 樹状細胞などが抗原の情報を細胞表面に示すことを抗原提示という。
(4) キラーT細胞などが，直接感染細胞などを攻撃して排除する免疫を細胞性免疫という。

43 (1) ① 樹状細胞　② B細胞
③ 形質細胞（抗体産生細胞）　④ 抗体
⑤ 抗原抗体反応
(2) 抗原提示　(3) 体液性免疫　(4) 記憶細胞
(5) 免疫グロブリン

解説 (1)～(4) 体液性免疫のしくみは次のとおりである。
　抗原の侵入→樹状細胞などによる食作用→抗原提示→ヘルパーT細胞による抗原の認識→ヘルパーT細胞によるB細胞の増殖促進→増殖したB細胞が形質細胞（抗体産生細胞）に分化→形質細胞が体液中に抗体を放出→抗原抗体反応→抗原の無毒化→マクロファージなどの食細胞による食作用で抗原を排除。さらにヘルパーT細胞は，キラーT細胞を活性化して増殖させ，抗原の侵入によって異常になった細胞を破壊させる（細胞性免疫）。また，ヘルパーT細胞はマクロファージを活性化するはたらきももつ。
　なお，ヘルパーT細胞，B細胞，キラーT細胞の一部は，抗原情報を記憶する記憶細胞になり，再び同じ抗原が侵入したときに，速やかに増殖して二次応答とよばれ

る免疫反応を起こす。一度かかった病気にかかりにくかったり，かかってもすぐに治ったりするのはこのためである。

44 (1) 一次応答　(2) b　(3) 二次応答
(4) c　(5) X：b　Y：c

解説 (1) 1回目の抗原の侵入によって抗体が産生・放出される過程を一次応答という。
(2)，(3) 40日後に再び同じ抗原を接種すると，二次応答が起こり，急速に多量の抗体が放出される（bのグラフ）。
(4) YはXとは異なる抗原なので，Yに関しては一次応答となる（cのグラフ）。
(5) 40日目にXとYを同量接種した場合は，Xに関しては二次応答なのでbのグラフ。Yに関しては一次応答なのでcのグラフとなる。

45 ① (b)　② (a)　③ (a)　④ (b)　⑤ (b)

解説 ① アレルギーは，過敏な免疫反応によって起こる症状なので(b)。
② エイズは，原因ウイルスであるHIVがヘルパーT細胞に感染して破壊するため，免疫機能が極端に低下して日和見感染などを起こす病気なので(a)。
③ 日和見感染は，エイズに感染するなどして免疫系のはたらきが悪くなり，ふつうなら発病しない病原性の低い病原体にも感染して発病する症状なので，(a)。
④ 関節リウマチは，免疫系が軟骨細胞などを攻撃・破壊するために起こる自己免疫疾患なので，(b)。
⑤ Ⅰ型糖尿病は，すい臓のランゲルハンス島のB細胞が免疫系によって破壊されることで起こる自己免疫疾患なので，(b)。

46 ① 血清療法　② 予防接種　③ 免疫療法

解説 ① あらかじめヘビ毒などを少量ずつ継続的にウマなどの大型動物に注射して，抗体をつくらせておき，その動物の抗体を含んだ血清を患者に投与して治療する方法を，血清療法という。毒ヘビにかまれて急を要する場合など，免疫系がはたらくようになるまで待つことができないときに行われる。
② 弱毒化した病原体・病原体の産物・病原体のRNAなどをワクチンとしてあらかじめ接種して，その抗原に対する抗体をつくる能力を人為的に高める（人為的に免疫記憶を成立させる）方法を，予防接種という。
③ がん細胞を攻撃する能力を高めたリンパ球をつくり，がん患者に投与して治療する方法を，免疫療法という。

●*p.74～75*

1 植生　2 相観　3 降水量　4 優占種　5 林冠

6 林床　7 階層構造　8 高木　9 亜高木　10 低木

11 草本　12 地表　13 陽生植物　14 陰生植物

15 光合成速度　16 呼吸速度　17 光-光合成曲線

18 光補償点　19 光飽和点　20 草本

●*p.76～77*

1 遷移　2 裸地　3 草原　4 低木林　5 先駆　6 極相

7 土壌　8 先駆植物　9 荒原　10 陽樹　11 陽樹林

12 陰樹　13 陰樹林　14 極相林

●*p.78～79*

1 乾性遷移　2 湿性遷移　3 貧栄養湖　4 富栄養湖

5 湿原　6 沈水植物　7 浮葉植物　8 抽水植物

9 先駆植物　10 有機物　11 土壌　12 光　13 乾燥

14 強い　15 低い　16 単純　17 小さく軽い

18 風散布　19 動物散布　20 重力散布

重要実験⑧ 1 B　2 A　3 D　4 C

解説 B は先駆植物のハチジョウイタドリとハチジョ
ウススキがみられるだけなので，荒原の状態である。
したがって，最も新しい噴火跡地と判断できるので，
①の30年が経過した調査地点。

　A は先駆植物のハチジョウイタドリに，先駆樹種
のオオバヤシャブシの低木が混ざっているので，②
の50年が経過した調査地点。

　D は極相樹種のタブノキのほかに日当たりを好む
陽樹のオオシマザクラがみられる。まだ極相には達
していないと森林と判断できるので，③の150年が
経過した調査地点。

　C は極相樹種のスダジイが10mの高さに成長し，
亜高木層を形成するヤブツバキがみられる。よって，
階層構造の発達した極相林と判断できるので，④の
600年が経過した調査地点。

●*p.80～81*

1 極相　2 ギャップ　3 先駆　4 モザイク　5 多様性

6 二次遷移　7 増加　8 減少　9 多様性

●*p.82～83*

1 バイオーム　2 気温　3 降水　4 相観　5 森林

6 遷移　7 草原　8 荒原　9 熱帯多雨林

10 照葉樹林　11 夏緑樹林　12 針葉樹林

13 ステップ　14 照葉　15 夏緑　16 雨緑　17 針葉

18 サバンナ　19 ステップ　20 砂漠　21 ツンドラ

●*p.84～85*

1 高　2 低　3 緯度　4 森林　5 水平分布

6 亜熱帯多雨林　7 照葉樹林　8 夏緑樹林

9 針葉樹林　10 スダジイ　11 ブナ　12 エゾマツ

13 垂直分布　14 照葉樹　5 夏緑樹　16 針葉樹

17 森林限界　18 高山帯　19 ハイマツ　20 高山草原

21 山地帯　22 丘陵帯

●*p.86～87*

1 生態系　2 作用　3 環境形成作用　4 生産者

5 消費者　6 一次　7 二次　8 無機物　9 分解者

10 菌類　11 無機物　12 非生物的環境　13 種多様性

14 生物多様性　15 生態系

重要実験⑨ 1 A の植えこみの土のほうが，動物の種
類・数量ともに B の芝生の下の土よりも多い。

2 A の植えこみの土はやわらかくしっとりとしていて，
握ると固まりやすく，有機物も多そうである。芝生
の下の土はやや乾燥しており，パサパサしている。

解説 1 表から，A の土には動物の種類や数が B の土
よりも多いことがわかる。また，A の土には B の土
にはいなかったワラジムシ・ダンゴムシなどの土壌
動物が生息していることもわかる。

2 A の土壌は B の土壌と比べて，うす暗くて落葉・落
枝などが多く，湿り気が多いというような特徴があ
る。このような特徴の土壌のほうが，B の土壌より
も土壌動物が生息するのに適した環境であるため，
土壌動物の種類や数が多くみられたと考えられる。

●*p.88～89*

1 捕食　2 被食　3 食物連鎖　4 食物網　5 栄養段階

6 個体数　7 生物量　8 生態　9 成長量

10 不消化排出量　11 キーストーン種　12 間接効果

13 絶滅

●*p.90～91*

1 かく乱　2 バランス　3 復元力　4 自然浄化

5 細菌　6 原生動物　7 藻類　8 酸素　9 栄養塩類

10 富栄養化　11 アオコ　12 赤潮　13 外来生物

14 特定外来生物　15 生物濃縮

●*p.92*

1 温室効果ガス　2 温室効果　3 化石燃料

4 二酸化炭素濃度　5 地球温暖化　6 海水

7 生態系サービス　8 絶滅危惧種

9 レッドデータブック　10 環境アセスメント

思考力問題 *p.93～94*

11. (1) ③　(2) B → D → C → A　(3) 1983 年

(4) ① ハチジョウイタドリ，ハチジョウススキ

② オオバヤシャブシ，オオシマザクラ

③ スダジイ，ヤブツバキ

解説 (1) 図1のAを見ると，スダジイが高木層をつくり，亜高木層にヤブツバキが生えている。これらは照葉樹林の典型的な極相樹種である。

(2), (4) 図1のBは先駆植物のハチジョウイタドリやハチジョウススキがみられ，先駆植種のオオバヤシャブシが侵入しているがまだ樹高が1mしかない。それに対してDはオオバヤシャブシの樹高が3〜4mある。したがって，B→Dの順となる。

Cは極相樹種のタブノキがみられるが，タブノキだけからなる林冠はまだ形成されていない，それに対してAはスダジイが林冠をつくり階層構造が完成している。したがってC→Aの順となる。これらを総合すると，遷移の進行はB→D→C→Aとなる。

(3) 図1のBは荒原から草原への移行期である。したがって最も新しい植生であるので，最も最近の噴火跡と考えられ，1983年の噴火跡と判断できる。

12. (ア) 熱帯多雨林　(イ) サバンナ　(ウ) 照葉樹林
(エ) ステップ

解説 図2の(ア)〜(エ)のそれぞれに記されている，「年平均気温」と「年降水量」の値を図1にあてはめればよい。

図2の(ア)では，年平均気温が25.6℃で年降水量が3515mmであるから，図1の横軸(年平均気温)の25.6℃から垂直に引いた線と，縦軸(年降水量)の3515mmから水平に引いた線が交わる点に分布するバイオームを見ればよい。すると，(ア)は熱帯多雨林であることがわかる。

同様に見ていくと，(イ)は横軸が19.0℃，縦軸が738mmなので，サバンナであることがわかる。(ウ)は15.4℃と1528mmなので照葉樹林である。(エ)は15.3℃と436mmなのでステップである。

13. ②，⑤

解説 オオクチバスの移入後(2000年)には魚類の生物量は移入前(1995年)の$\frac{1}{3}$になっているので①は誤り。オオクチバスの移入後，コイ・フナは激減していないが，モツゴは激減し，タナゴは絶滅しているので②は正しい。オオクチバスは植物食性になることはないので③は誤り。オオクチバスの移入後も栄養段階は減少していないと考えられるので④は誤り。在来魚の現存量の減少量とオオクチバスの増加量を調べると，在来魚の減少量は$\frac{2}{3}$以上で，オオクチバスはその減少量ほど増えておらず，単位面積当たりの生物量は全体として減少しているので⑤は

正しい。オオクチバス移入後，タナゴは絶滅していて，在来魚の多様性は増加していないので，⑥は誤り。

14. ① 大きい　② 小さい　③ 短い

解説 2000〜2010年における大気中の二酸化炭素濃度の増加速度を示すグラフの傾きは1960〜1970年の傾きより大きいことがわかる。また，与那国島の二酸化炭素濃度のグラフの変動幅は綾里よりも小さいので，二酸化炭素の季節変動は少ないことがわかる。また，盛んに光合成を行う期間は，与那国島のほうが綾里よりも長い。

章末演習問題 *p.95〜101*

47 (1) 階層構造　(2) 相対照度(明るさ)

(3) (a) ③　(b) ⑤　(c) ④　(d) ①　(e) ②

(4) (a) ②　(b) ④　(c) ③　(d) ①

(5) 林冠　(6) 林床

解説 (1) 森林でみられる鉛直方向の層状構造は階層構造とよばれる。これは，おもに光に関する一種の「すみわけ」であり，強い光を必要とする樹木が高木層に葉を広げ，弱い光でも生育できる樹木や草本がそれより下の層に葉を広げて生き残る。

(2) 曲線Aは森林内部の明るさの変化を示したもので，横軸の明るさには，ふつうは，林冠上部の明るさ(照度)を100%としたときの相対照度が用いられる。

(3) 発達した照葉樹林では，上から順に，高木層→亜高木層→低木層→草本層→地表層が分布する。夏緑樹林では，亜高木層の発達が悪いこともある。

(4) ベニシダは陰生植物のシダ植物である。スダジイは照葉樹で高木層を形成する。アオキは常緑広葉の低木である。ヤブツバキは常緑広葉樹で亜高木層に達する。

光があまり届かない地表層には，コケ植物や菌類などが生育する。

48 (1) (a) 光補償点　(b) 光飽和点

(2) (c) 呼吸速度　(d) 光合成速度

(3) イ　(4) イ　(5) ア　(6) イ

解説 (1), (3) (a)は光補償点で，光合成速度と呼吸速度が同じになるときの光の強さ。(b)は光飽和点で，それ以上光が強くなっても光合成速度は変わらない(呼吸速度を一定としたとき)ときの光の強さ。陰生植物は，光補償点・光飽和点とも小さく，呼吸速度も小さい。いわば省エネで生き残れるタイプの植物である。

(2) 光合成速度−呼吸速度を見かけの光合成速度ということがある。

(4) イネは草本で，日当たりのよいところでよく育つ陽生植物，ヒサカキは常緑の木本で，日当たりの悪い森林の中でも育つ陰生植物である。ヒサカキの光補償点と光飽和点はイネに比べてともに小さく，呼吸速度も小さい。

(5) 林冠では十分な光があるので，光飽和点の高い植物のほうが生育速度が速い。

(6) 林床は暗いので，光補償点の低い陰生植物のほうが陽生植物よりも生育しやすい。

49 (1) ① ③ (b), (d), (e) ④ (a) ⑤ (f) ⑥ (c)
(2) 一次遷移 (乾性遷移) (3) 先駆植物 (パイオニア植物)
(4) 極相 (5) 極相樹種 (6) (c) (7) ギャップ (8) 陽樹

解説 (1) ①の裸地には，シマタヌキランやイタドリなどの先駆植物 (パイオニア植物) が島状 (パッチ状) に侵入して，②の荒原を形成する。やがてススキが広がって③の草原となる。ここにヤシャブシなどの成長の速い先駆樹種 (陽生植物) が侵入して④の低木林を形成する。土壌ができると樹木が生育できるようになり，オオシマザクラなどの陽樹が侵入し，⑤の先駆樹種の多い森林を形成する。⑤の森林の林床は暗いため，陽樹の芽生えは生育できないが，幼木のとき暗い林床でも生育できるスダジイやタブノキなどの極相樹種 (陰樹) が侵入し，やがてこれが成長して，⑥の安定した森林となって，極相に達する。

(2) 溶岩流跡地などの裸地から始まる遷移を一次遷移という。また，湖沼から始まる遷移を湿性遷移という。湿性遷移に対して，陸上から始まる遷移を乾性遷移という。一次遷移もそのひとつである。

(3) 裸地にはじめて侵入する植物を先駆植物 (パイオニア植物) という。

(4) 遷移の最終段階でみられる安定した状態を極相といい，降水量の多い日本では，一般に陰樹が中心の森林になることが多い。

(6) 陰樹林の林床は暗いので，そのような環境下でも幼木が生育できるのはスダジイなどの陰樹である。

(7), (8) 極相林で倒木などが起こると，林冠が開いて林床に光が届くようになる。このような場所をギャップといい，ギャップがある程度以上大きければ，陽生植物の幼木が生育できるので，成長の速い陽樹が優占することが多い。

50 (1) 樹種…極相樹種 植物…③, ④
(2) ギャップ (3) ①
(4) 森林の多様性が増す。(10字)

解説 (1) 極相林を形成する樹種を極相樹種といい，照葉樹林ではスダジイ，タブノキ，夏緑樹林ではブナやミズナラとなる。

(2)〜(4) 倒木などで林冠にすき間ができ，光が林床まで届くようになった部分をギャップという。ギャップの部分では先駆樹種の幼木も生育することができ，極相樹種と先駆樹種の幼木の競争が起こる。成長の速い先駆樹種が先に林冠まで達することもある (ギャップ更新)。ギャップは次々とできるため，極相林でも極相樹種だけでなく先駆樹種も入りまじることで森林の多様性が増すことになる。

51 (1) ① 腐植層 ② 光は弱い ③ おだやかで安定
④ 湿潤
(2) ① 高い ② 複雑 ③ 重力散布型

解説 (1) 裸地は溶岩などでゴツゴツしており，地表面に強い太陽光線が降り注ぐ。また夜と昼の寒暖差，湿度変化が大きく，乾燥している場合が多い。一方，極相林の林床は，落葉などが分解されてできた腐植が発達し，湿潤で光は弱く安定した環境となる。

(2) 裸地の植物は乾燥や強い日光にも耐えられる先駆植物で，草丈は低いものが多い。また種子は風によって運ばれる風散布型のものが多い。極相林になると，樹高は数十mにもなり，階層構造が発達する。また，種子は栄養分を多く蓄えた大きな重力散布型のものが多い。

52 (1) 一次遷移 (2) 二次遷移 (3) ギャップ更新
(4) (a) 極相林 (b) 林冠 (c) 相観 (d) 照葉樹林
(e) 夏緑樹林 (5) (d) (ウ), (エ) (e) (イ), (オ)

解説 (1) 裸地から始まる一次遷移では，土壌の形成に時間がかかるため，遷移に長い時間を要する。

(2) 山火事跡地や伐採跡地から始まる二次遷移では，すでに土壌が形成されており，その中に種子や地下茎などがあるため，遷移の進行は速い。

(3) 極相林といってもまったく変化がないわけではない。台風による倒木などでできたギャップの部分では，植生が遷移の前の段階にもどって，遷移が途中から繰り返される。この現象をギャップ更新という。ギャップ内では，先駆樹種の陽樹が林冠まで達する場合もあり，陰樹林にところどころ陽樹が入り混じった状態になることがよくある。またギャップは極相林の中にモザイク状に次々とできるので，ギャップ更新によって極相林の多様性が保たれている。

(4) 日本の関東以西の本州・四国・九州の大部分では，バイオームは照葉樹林となる。一方，東北地方ではバイオームは夏緑樹林となる。

(5) ハイマツは高山帯の低木で，ブナとミズナラは夏緑樹。スダジイとアラカシは照葉樹で，ともに極相林をつくる。

アカマツは陽樹で，照葉樹林帯で陽樹林をつくる。エゾマツとシラビソは常緑針葉樹で極相林をつくる。

53 ②

解説 遷移が進むにしたがって，植生は，草原→低木林→森林とその高さを増していき，階層構造は発達して複雑になるので，②が誤り。

54 (1) (ア) ギャップ (イ) 草原 (ウ) 二次遷移
(2) 土壌が形成されているから。(13字)
(3) ①，②，④，⑤ (4) ①

解説 (1) 台風などにより規模の大きいギャップができると，荒原や草原→低木林→先駆樹種の森林→極相樹種の森林と移行することが多い。これを二次遷移という。
(2) 二次遷移では，すでに土壌はできており，そこに埋土種子などもあり，また切り株から萌芽が生えることもあるので，遷移速度は一次遷移に比べてはるかに速い。
(3) スイセンは先駆植物ではない。
(4) スダジイは照葉樹林，コルクガシは硬葉樹林，ブナとミズナラは夏緑樹林の極相樹種である。またヤシャブシは先駆樹種である。

55 (1) b
(2) (A) ③ (B) ② (C) ⑤ (D) ⑩ (E) ①
(F) ④ (G) ⑧ (H) ⑪ (I) ⑨ (J) ⑥
(3) (a) (C) (b) (A) (c) (I) (d) (H) (e) (D) (f) (G)

解説 (1) (A)と(B)には熱帯多雨林と亜熱帯多雨林があてはまるので，bが気温の高い側と判断できる。
(2) バイオームの分布は，気温と降水量で決まる。問題の図の縦軸は年降水量で，およそ年降水量 1000 mm 以上で森林が成立し，それ以下では草原や荒原になる。また，極端に降水量が少ない地域では砂漠 (乾燥荒原) となる。横軸は気温で，気温の高い側から順に，熱帯多雨林→亜熱帯多雨林→照葉樹林→夏緑樹林→針葉樹林が分布し，それよりも気温の低いところではツンドラ (寒地荒原) になる。
　バイオームとその特徴および代表的樹種をまとめると，次のようになる。
(A) 熱帯多雨林…一年中気温が高く，年降水量が多い地域に分布する。常緑広葉樹の密林が発達し，つる植物や着生植物なども多い。フタバガキなど。
(B) 亜熱帯多雨林…熱帯多雨林よりも少し気温の低い地域に分布する。木生シダやガジュマル，アコウなどがみられる。熱帯・亜熱帯の海岸線には，ヒルギなどが

マングローブ林をつくる。
(C) 雨緑樹林…雨期と乾期の交代する季節風帯に発達し，乾期に落葉する樹林。チークなど。
(D) サバンナ…イネ科の草本に混じってアカシアなどのマメ科の木本が混じる熱帯草原。植物食性や動物食性の大形哺乳類が地球上で最も多様なバイオームである。
(E) 照葉樹林…クチクラ層が発達した常緑広葉樹が優占する。葉には光沢があってつやがみられる。カシ類・シイ類・ツバキ類。
(F) 夏緑樹林…落葉広葉樹が優占。春に芽吹き，冬に落葉するなど，季節による変化が著しい。ブナ・ミズナラ・カエデ類など。
(G) 針葉樹林…亜寒帯に属し，寒さに強い裸子植物の針葉樹が優占する。森林を構成する樹種が少なく，低木層や草本層はあまり発達しない。亜高山帯ではコメツガ，シラビソ，亜寒帯ではエゾマツ，トドマツなど。
(H) ツンドラ…気候帯は寒帯に属する。土壌中に氷土層ができるため，微生物による落葉・落枝の分解が遅く，土壌中の栄養塩類が少ない。地衣類やコケ植物を主体とする。
(I) ステップ…木本は生育せず，イネ科植物を主体とする温帯草原。
(J) 砂漠…降水量が極端に少ないため，乾燥に適応した植物しか生育しない。サボテンなど。

56 (1) (A) 低木林 (高山草原) (B) 針葉樹林
(C) 夏緑樹林 (D) 照葉樹林 (E) 亜熱帯多雨林
(2) (B) 亜高山帯 (C) 山地帯 (D) 丘陵帯
(3) (C) (ア)，(シ) (D) (エ)，(ク) (E) (オ)，(ケ)
(4) ア
(5) 緯度が高くなるにしたがって気温が低下するから。(23字)

解説 (1)，(2) この図は，日本列島の水平分布を加味した垂直分布を示した図である。このような図では，教科書などによく出ている中部山岳地帯で判断しよう。
　(A)は，高山帯で低木林や高山草原，(B)は亜高山帯で針葉樹林，(C)は山地帯で夏緑樹林，(D)は丘陵帯で照葉樹林となる。(E)は亜熱帯多雨林である。
(3) イタヤカエデなどのカエデ類やブナは夏緑樹。コメツガ・シラビソは針葉樹で亜高山帯に分布する。タブノキ，シラカシは照葉樹。ヘゴは亜熱帯多雨林の木生シダ。チークは雨緑樹林の代表種。コケモモは高山植物。ビロウは亜熱帯多雨林のヤシのなかま。オリーブは地中海沿岸などの硬葉樹林の代表種。コマクサは高山草原の草本。
(5) 図では，横軸を右方向に移動するごとに緯度が高くな

る。高緯度になるほど気温が低下するため，境界線は右下がりとなる。

57 (1) (A) 高山帯，低木林(高山草原)
(B) 亜高山帯，針葉樹林　(C) 山地帯，夏緑樹林
(D) 丘陵帯，照葉樹林

(2) (ア) (D)　(イ) (A)　(ウ) (C)　(エ) (B)　(オ) (D)　(カ) (C)

解説 日本の中部山岳地方では，次のような垂直分布がみられる。

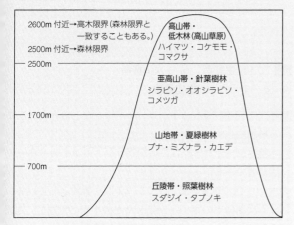

2600m 付近→高木限界(森林限界と一致することもある。)
2500m 付近→森林限界
── 2500m
高山帯・低木林(高山草原)
ハイマツ・コケモモ・コマクサ
亜高山帯・針葉樹林
シラビソ・オオシラビソ・コメツガ
── 1700m
山地帯・夏緑樹林
ブナ・ミズナラ・カエデ
── 700m
丘陵帯・照葉樹林
スダジイ・タブノキ

58 (1) 非生物的環境　(2) (B) ④　(C) ③　(D) ①
(3) (ア) 作用　(イ) 環境形成作用

解説 (1), (2) 生態系は，(A)非生物的環境と生物をあわせた全体である。生物は，大きくは，(B)植物などの生産者と消費者に分けられ，消費者は，(C)植物食性動物(一次消費者)と，(D)動物食性動物(二次消費者)などからなる。また，消費者のうち，おもに生物の枯死体や遺体・排出物中の有機物を分解する菌類や細菌を，特に分解者とよぶことがある。
(3) 非生物的環境から生物へのはたらきかけを作用，その逆を環境形成作用という。また，生物どうしのはたらきあいを相互作用という。

59 (1) (a) (ア), (カ)　(b) (ウ), (オ)　(c) (エ), (ク)　(d) (イ), (キ)
(2) 生物量ピラミッド　(3) 個体数ピラミッド
(4) 生産力ピラミッド　(5) (a)>(b)>(c)>(d)
(6) ① (イ)　② (エ)

解説 (1) (a)は生産者で(カ)のススキなどの植物。(b)は一次消費者で(オ)のバッタなどの植物食性動物。(c)は(ク)のカエルなどの小形動物食性動物。(d)は(キ)のタカなどの大型動物食性動物である。
(2)～(4) 栄養段階ごとに一定面積内に存在する個体数を積み上げたものを個体数ピラミッド，生物体の総量(生物

量)を積み上げたものを生物量ピラミッド，生物が獲得するエネルギー量を積み上げたものを生産力ピラミッドといい，これらを合わせて生態ピラミッドという。
(5) 安定した生態系では，一般的に栄養段階の低いものほど生物量は多いので，(a)>(b)>(c)>(d)となる。
(6) (a)は生産者である植物なので，植物の純生産量は，総生産量(同化量)からその植物自身が呼吸によって消費する量を引いたものである。
　　　純生産量＝総生産量－呼吸量
　また，成長量は，純生産量から枯死量と一次消費者に食べられる量(被食量)を引いたものである。
　　　成長量＝純生産量－枯死量－被食量

60 (1) (A) 生産者　(B) 一次消費者　(C) 二次消費者
(2) G …成長量　F …不消化排出量
(3) ① $G_a + P_a + D_a$　② $G_a + P_a + D_a + R_a$
(4) $G_b + P_b + D_b + R_b$
(5) 栄養段階が上位の生物ほど利用できる生物量が少なくなるから。

解説 (1) (A)は，F の不消化排出量がないので生産者と判断できる。(B)は一次消費者，(C)は二次消費者である。
(2) G はすべてにみられるので成長量，F は一次消費者以上にみられるので不消化排出量である。
(3) 生産者の純生産量は，
　　成長量(G_a)＋被食量(P_a)＋枯死量(D_a)
で示される。また，総生産量は純生産量に呼吸量(R_a)を加えたものである。したがって，総生産量は，
　　$G_a + P_a + D_a + R_a$
(4) 一次消費者の同化量＝摂食量－不消化排出量(F_b)であるので，$G_b + P_b + D_b + R_b$　である。
(5) 栄養段階が上位の生物ほど，食物となる下位の生物量が少なくなる。

61 (1) ラッコ　(2) 間接効果

解説 (1) このジャイアントケルプの森の食物網は次のようになっていると考えられる。

ジャイアントケルプ　→　ウニ　→　ラッコ
生産者　　　　　　　一次消費者　　二次消費者

プランクトン　→　小形魚・甲殻類　→　大形魚　→　アザラシ
　　　　　一次消費者　　　二次消費者　　三次消費者

ラッコは上位の捕食者であると考えられる。ラッコのような上位の捕食者など，比較的個体数の少ない種が，生態系の種多様性の維持に大きな影響を及ぼす場合，その種をキーストーン種という。

(2) ラッコとアザラシの間には捕食・被食の関係がないが，ラッコがいなくなることでジャイアントケルプの森に生息していた小形の魚や，その魚を食物としていた大形の魚がいなくなり，大形の魚を食物としていたアザラシもいなくなったと考えられる。このように，ある生物の存在が，捕食・被食の関係で直接つながっていない生物に対して影響を与えることを，間接効果という。

62 (1) (a)　(2) (A) (c)　(B) (d)　(C) (e)
(3) 自然浄化　(4) ②

解説 (1) (a)は汚水流入地点で急激に減少している。これは汚水の有機物を分解する細菌が大量に増殖して酸素を消費するからである。しかし，下流では(e)の藻類が増えてその光合成で酸素が放出されるので，溶存酸素が増加する。
(2)，(4) 細菌(A)は汚水流入地点で急激に増殖するので(c)である。原生動物(B)は，細菌を食物としているので，細菌に次いで増殖する(d)である。藻類(C)は細菌が有機物を分解してつくるアンモニウムイオンが硝化菌のはたらきで硝酸イオンとなったのち，これを利用するので(e)である。
(3) 自然の豊かな河川では，少量の汚水が流入してもそこに生息する生物のはたらきによって浄化される。これを河川の自然浄化という。

63 (1) 化石燃料の燃焼，森林の伐採
(2) 夏は光合成量が多く，冬は少ないこと。
(3) 地球温暖化
(4) 名称…温室効果ガス
　　例…水蒸気・メタン・フロン

解説 (1) 二酸化炭素濃度が上昇する原因としては，化石燃料を大量に消費することによる二酸化炭素放出量の増加と，森林の伐採による二酸化炭素吸収量の減少が考えられる。
(2) 夏は植物の光合成量が増加して二酸化炭素吸収量が増加するため，大気中の二酸化炭素濃度は減少する。冬は植物の光合成量が減少して二酸化炭素吸収量が減少するため，大気中の二酸化炭素濃度は増加する。このことが年ごとの増減の主因となっている。
(3) 二酸化炭素は，温室効果ガスであるため，その増加によって温室効果が高まり，地球温暖化が懸念されている。
(4) 温室効果を起こす気体を温室効果ガスという。温室効果ガスには，二酸化炭素のほかに水蒸気・メタン・フロンなどがある。

64 (1) ⑤　(2) ④

解説 (1) 熱帯林減少の原因は，過度の伐採，森林の放牧地への転用，焼畑農業，森林の大規模な火災などである。熱帯林は，常にギャップができ，新しい樹木が育って更新されているので，高齢化が熱帯林減少の原因となることはない。
(2) 砂漠拡大の原因としては，不適切なかんがいによる塩害，過放牧による森林や草原の減少，樹木の過度な伐採などがあげられる。フロンの排出はオゾン層を破壊するが，それが直接砂漠の拡大につながっているとは考えられない。

65 (1) (a) 生産者　(b) 一次消費者
(2) ②　(3) ③　(4) 生物濃縮

解説 (1) 植物プランクトンは，ケイソウなどの光合成をする単細胞生物で，生産者である。
　動物プランクトンは，植物プランクトンを食べる一次消費者である。
(2)，(3) 一次消費者の動物プランクトンを食物としているのは二次消費者のマイワシ（②）などの小形の魚類で，スズキはこれらの小魚や，さらに三次消費者となる小魚を捕食する動物食性動物である。
(4) 上位の栄養段階の生物ほど，体内である物質の濃度が高くなる現象を生物濃縮という。生物濃縮されやすい物質は，生体内で分解されにくく，生体内の脂肪組織などに溶けやすく，排出されにくい物質である。DDTやBHC，有機水銀などがある。

新課程

ゼミノート生物基礎

解答編

ISBN978-4-410-13354-1

〈編著者との協定により検印を廃止します〉

編 者　数研出版編集部
発行者　星野泰也
発行所　**数研出版株式会社**

〒101-0052　東京都千代田区神田小川町 2 丁目 3 番地 3
〔振替〕00140-4-118431

〒604-0861　京都市中京区烏丸通竹屋町上る大倉町 205 番地
〔電話〕代表 (075)231-0161

ホームページ　https://www.chart.co.jp
印刷　創栄図書印刷株式会社

★★★ 221001

13354 A